江南大学植物名录

主编 / 李云侠　王武
Compilers / Li Yunxia　Wang Wu

科学出版社
北京

Plant Checklist of Jiangnan University

内 容 简 介

本书以中文与拉丁文对照的形式，列出了江南大学新校园绿化建设12年以来，所引种、栽培，以及保留原生态属种共1200多种植物的名录，附有中文、拉丁文互检的索引，以及部分校园植物的精美图片。

全书融植物分类学与摄影艺术为一体，旨在凸显大学校园的可持续建设与一流的生态环境，推动生态文明进步。

本书为师生、校友提供文化知识和植物鉴赏，也可作为绿化管理者日常的工作手册。

图书在版编目（CIP）数据

江南大学植物名录 / 李云侠，王武主编. — 北京：科学出版社，2017.5
ISBN 978-7-03-052669-4

Ⅰ.①江… Ⅱ.①李… ②王… Ⅲ.①江南大学－植物－名录 Ⅳ.①Q948.525.33-62

中国版本图书馆CIP数据核字（2017）第081952号

责任编辑：席 慧 / 责任校对：郑金红
责任印制：肖 兴 / 书籍设计：铭轩堂

科学出版社 出版
北京东黄城根北街16号
邮政编码：100717
http://www.sciencep.com

北京利丰雅高长城印刷有限公司 印刷
科学出版社发行 各地新华书店经销

*

2017年5月第 一 版　开本：720×1000 1/16
2017年5月第一次印刷　印张：11
字数：265 000

定价：85.00元

（如有印装质量问题，我社负责调换）

主 编
李云侠　王　武

副 主 编
王国平　周　建　周伟涛

其他编委
王　强　李　勤　许南惠　杜　静
岳　静　朱能文　肖龙勤　魏文博

供 图
李云侠　原雅玲　虞定华　王海云

装帧设计
姜　靓

校 审
崔铁成　张光生　曹　伟

江南大学 JIANGNAN UNIVERSITY
校园地图 （2016版）

校内候车亭
① 北门站 I-3
② 第一食堂站 G-3 H-3
③ 体育中心站 G-4
④ 校医院站 G-5
⑤ 世纪广场站 F-5 F-6
⑥ 第二教学楼站 E-6
⑦ 第四食堂站 E-6
⑧ 第三食堂站 D-6
⑨ 溪苑站 C-5
⑩ 梅园公寓站 F-3
⑪ 桂园公寓站 F-3
⑫ 快递超市站 I-4

K
47 快递超市 I-4

L
48 李园(22-25#) G-3
49 蠡湖家园 I-3
50 榴园(12-17#) F-2
51 留学生公寓
　　（淳苑）(89-90#) C-7
52 理学院(钱伟长楼) G-5

M
53 梅园(1-5#) G-3
54 马克思主义学院 F-6

N
56 南大门 C-7
57 南侧门 E-7
58 能源监管中心 H-5

Q
59 清苑(77-80#) B-5
60 青教公寓（竹园）I-4
61 汽修厂 B-5

R
62 人文学院（田家炳楼）G-5
63 人文学院艺术系 G-4
64 润苑(64-69#) D-6

S
65 商学院 E-6
66 生工学院 C-5
67 食品学院 C-5
68 设计学院 F-4
69 室内球场 B-6
70 数媒学院 E-6
71 素质拓展中心 E-4
72 生态停车场 G-5

T
73 桃园(18-21#) G-2
74 体育中心（体育部）H-4
75 体育馆 G-4
76 图书馆 F-5
　　（至善学院 档案馆 校史馆）
77 田家炳楼 G-5

W
78 文浩馆 G-5
79 外国语学院 F-6
80 污水处理中心 A-5
81 物联网学院 F-4
82 温室花房 G-2

X
83 杏园(26-29#) H-3
84 西侧门 F-1
85 校医院 G-5
86 行政楼 F-6
87 信息化中心
　　（逸夫楼） E-4
88 溪苑（85-86#）C-6
89 协同创新大楼 B-5

Y
91 游泳池 H-5
92 药学院 D-4
94 友谊楼 I-3
95 医学院 C-4

Z
96 足球训练场 H-5
97 臻善楼 B-6
98 足球场 E-3

Preface

The history of Jiangnan University can be traced back to the up most origin "Sanjiang Normal School" established in Nanjing, 1902. Running through several higher educational reforms and enduring typical hardships in pioneer works, the progress of this university has been well recognized.

Since 2003, a plenty new campus was successfully constructed. Time passed and the culture precipitated. Injected with the constructors' wisdom and emotion, a wonder land with gorgers building, running stream and lush flowers and trees is now exhibiting in front of your eyes. Spiritual value, culture essence and green sentiment of this university have been fully reflected, as well as the teaching and research functions well fulfilled.

Aimed to a far view destination and carried on a great mission, the green constructors devoted all their strengths to build up this "thousand plants" garden. After 12 years elaborate cultivation, the green zone occupies 40% of campus area. More than 1200 plant species, either terrestrial or aquatic types are now thriving and flourished, attracting hundred species of birds to live on. With the concept of "Cultivates green for well being; educates students with decent culture", this greenish eco-campus were greatly appreciated by thousands of visitors as well as our faculty members and students.

In order to accelerate the development of this eco-system, and keep in trace of the landscape management, Jiangnan University decided to publish a checklist of campus plants. As a chief engineer and key compiler-professor Li Yunxia has devoted all her knowledge and practice on plant cultivation, and spent 3 years for the checklist compiling, with the aid of colleagues. Finally the checklist is ready, which records more than 1200 plant species, lists out the indexes in both Chinese and Latin, and provides beautiful photos of plant samples.

Based on the respect to the holly nature and the love to the dear eco-system, *Plant Checklist of Jiangnan University* represents the aspirations of teachers, students and our alumni. It would be another rarely seen academic publication which records only the plants in a famous campus, but with nomenclatural and bilingual forms. I'm sure that Green Sensation is forever one of the dearest treasures to our university.

Associate President of Jiangnan University
Tian Bei
June, 20th, 2016

序

源出三江师范学堂，历经百年的江南大学，筚路蓝缕，文渊厚重。2003年开建新校区以来，随着时间的推移，文化的积淀，这所注入了建设者智慧与情感的美丽校园中，楼宇矗立，瓮接苍穹，曲水流觞，花木葱郁。在教学科研功能完美实现的基础上，校园逐渐孕育出更深层次的精神价值、文化内涵和绿色情怀。

值得一提的是，绿色营创者们志向高远，不辱使命，倾心打造"千木之园"，历经十余载精心策划，辛勤培植，悉心养护，绿化面积达40%，1200余种陆生和水生的树木花草在这里竞相辉映。交苍叠翠的植被，欢鸣翱翔的鸟类，这所"以绿造福、以文化人"的绿色生态校园，受到师生的一致热爱，也迎来数千批来访者的赞赏。

为了更好地建设、发展江南大学的绿植生态体系，也为了翔实记载，科学管理这座"千木之园"，学校决定出版校园植物名录。园林绿化总工程师李云侠教授，集毕生园林学识，历时三年，在同仁协助下，精心整理、编撰了这本《江南大学植物名录》。此书登载1200余种植物的科、属、种名称，列出中文与拉丁文索引，并附有植物图例。

出版《江南大学植物名录》，是对大千自然的尊重与敬仰，是对大学绿植的追崇与热爱，更代表着全校师生与校友们共同的心愿。这本植物名录也是继《绿色情怀》之后，又一本不可多见的、记载高水平大学绿色文明建设的专业出版物。我相信"绿色"永远是江南大学最为珍贵的财富之一。

江南大学 副校长 田备

2016年6月20日

校园自然条件
Data of Campus Natural Conditions

校园面积 (Campus area):	3151 亩（210.05 hm^2）
绿化面积 (Green land):	1280 亩（85.32 hm^2）
北纬 (Altitude North):	120°28′
东经 (Longitude East):	31°28′
平均海拔高度 (Average elevation):	4.9 m
年平均温度 (Annual average temperature):	16.8℃
绝对最低温度 (Absolute lowest temperature):	−7.0℃
绝对最高温度 (Absolute highest temperature):	39℃
一月份平均温度 (Average temperature in January):	2.8℃
七月份平均温度 (Average temperature in July):	29℃
年平均降水量 (Annual rain precipitation):	1348.8 mm
年均相对湿度 (Annual relative humidity):	79%
年均日照时数 (Annual average sunshine hours):	2019.4 h
全年无霜日期 (Annual average frostless days):	226 d

校园地址：

江南大学（教育部直属），江苏省无锡市蠡湖大道1800号，214122

Campus Address:

Jiangnan University（Subordinated under Ministry of Education），
1800 Lihu Avenue, Wuxi, Jiangsu Province, China, 214122

目录
Contents

序	Preface	
校园自然条件	Data of Campus Natural Conditions	
植物名录	Plant Checklist	001
壹　蕨类植物	Pteridophyta	002
凤尾蕨科	Pteridaceae	002
铁线蕨科	Adiantaceae	002
铁角蕨科	Aspleniaceae	002
贰　裸子植物	Gymnospermae	002
苏铁科	Cycadaceae	002
银杏科	Ginkgoaceae	002
南洋杉科	Araucariaceae	002
松科	Pinaceae	003
杉科	Taxodiaceae	003
柏科	Cupressaceae	003
罗汉松科	Podocarpaceae	004
红豆杉科	Taxaceae	004
叁　被子植物	Angiospermae	004
胡椒科	Piperaceae	004
杨柳科	Salicaceae	004
杨梅科	Myricaceae	005
胡桃科	Juglandaceae	005
山毛榉（壳斗）科	Fagaceae	005
榆科	Ulmaceae	005
桑科	Moraceae	006
蓼科	Polygonaceae	006

藜科	Chenopodiaceae	006
苋科	Amaranthaceae	007
紫茉莉科	Nyctaginaceae	007
番杏科（多肉植物）	Aizoaceae	008
马齿苋科	Portulacaceae	008
石竹科	Caryophyllaceae	008
睡莲科	Nymphaeaceae	009
毛茛科	Ranunculaceae	010
小檗科	Berberidaceae	015
木兰科	Magnoliaceae	015
蜡梅科	Calycanthaceae	016
樟科	Lauraceae	016
罂粟科	Papaveraceae	017
紫堇科	Fumariaceae	017
白花菜科	Capparidaceae	017
十字花科	Cruciferae	017
猪笼草科	Nepenthaceae	018
景天科	Crassulaceae	018
虎耳草科	Saxifragaceae	020
海桐科	Pittosporaceae	021
金缕梅科	Hamamelidaceae	022
悬铃木科	Platanaceae	022
蔷薇科	Rosaceae	022
含羞草科	Mimosaceae	027
苏木科	Caesalpiniaceae	027
蝶形花科	Papilionaceae	028
酢浆草科	Oxalidaceae	029
牻牛儿苗科	Geraniaceae	029
旱金莲科	Tropaeolaceae	030
亚麻科	Linaceae	030

芸香科	Rutaceae	030
苦木科	Simaroubaceae	030
楝科	Meliaceae	030
大戟科	Euphorbiaceae	031
黄杨科	Buxaceae	031
漆树科	Anacardiaceae	032
冬青科	Aquifoliaceae	032
卫矛科	Celastraceae	032
槭树科	Aceraceae	032
七叶树科	Hippocastanaceae	033
无患子科	Sapindaceae	033
凤仙花科	Balsaminaceae	033
鼠李科	Rhamnaceae	033
葡萄科	Vitaceae	033
杜英科	Elaeocarpaceae	034
锦葵科	Malvaceae	034
木棉科	Bombacaceae	035
梧桐科	Sterculiaceae	035
猕猴桃科	Actinidiaceae	035
山茶科	Theaceae	035
藤黄科（金丝桃科）	Guttiferae	036
柽柳科	Tamaricaceae	036
堇菜科	Violaceae	036
秋海棠科	Begoniaceae	037
仙人掌科	Cactaceae	037
瑞香科	Thymelaeaceae	039
胡颓子科	Elaeagnaceae	039
千屈菜科（紫薇科）	Lythraceae	039
石榴科	Punicaceae	040
珙桐科（蓝果树科）	Nyssaceae	040

目录

Contents

桃金娘科	Myrtaceae	040
菱科	Trapaceae	041
柳叶菜科	Onagraceae	041
五加科	Araliaceae	041
伞形科	Umbelliferae	042
山茱萸科	Cornaceae	043
杜鹃花科	Ericaceae	043
报春花科	Primulaceae	044
白花丹科（蓝雪科）	Plumbaginaceae	044
柿树科	Ebenaceae	044
野茉莉科	Styracaceae	044
安息香科	Styracaceae	045
木犀科	Oleaceae	045
马钱科	Loganiaceae	046
龙胆科	Gentianaceae	046
夹竹桃科	Apocynaceae	046
萝藦科	Asclepiadaceae	047
旋花科	Convolvulaceae	047
花荵科	Polemoniaceae	047
紫草科	Boraginaceae	048
马鞭草科	Verbenaceae	048
唇形科	Labiatae	049
茄科	Solanaceae	051
玄参科	Scrophulariaceae	052
紫葳科	Bignoniaceae	054
苦苣苔科	Gesneriaceae	054
爵床科	Acanthaceae	054
车前科	Plantaginaceae	055
茜草科	Rubiaceae	055
忍冬科	Caprifoliaceae	056

目录 Contents

川续断科	Dipsacaceae	057
葫芦科	Cucurbitaceae	057
桔梗科	Campanulaceae	057
菊科	Compositae	058
香蒲科	Typhaceae	063
茨藻科	Najadaceae	063
泽泻科	Alismataceae	063
禾本科	Gramineae	063
莎草科	Cyperaceae	066
棕榈科	Palmae	067
天南星科	Araceae	068
凤梨科	Bromeliaceae	069
鸭跖草科	Commelinaceae	070
雨久花科	Pontederiaceae	070
百合科	Liliaceae	070
石蒜科	Amaryllidaceae	075
龙舌兰科	Agavaceae	075
鸢尾科	Iridaceae	076
芭蕉科	Musaceae	078
旅人蕉科	Strelitziaceae	078
姜科	Zingiberaceae	078
美人蕉科	Cannaceae	078
竹芋科	Marantaceae	078
兰科	Orchidaceae	079
植物图例	Plant Photos	081
主要参考文献	References	131
中文种名索引	Index in Chinese	133
拉丁文属名索引	Index in Latin	153
后记	Postscript	160

植物名录
Plant Checklist

壹 | 蕨类植物　　Pteridophyta

凤尾蕨科	Pteridaceae
凤尾蕨属	*Pteris* L.
凤尾蕨★（★表示温室栽培）	*P. cretica* L. var. *nervosa* (Thunb.) Ching et S. H. Wu
铁线蕨科	Adiantaceae
铁线蕨属	*Adiantum* L.
铁线蕨★	*A. capillus-veneris* L.
铁角蕨科	Aspleniaceae
巢蕨属（鸟巢蕨属）	*Neottopteris* J. Sm.
巢蕨（鸟巢蕨）	*N. nidus* (L.) J. Sm.

贰 | 裸子植物　　Gymnospermae

苏铁科	Cycadaceae
苏铁属	*Cycas* L.
苏铁（铁树）	*C. revoluta* Thunb.
银杏科	Ginkgoaceae
银杏属	*Ginkgo* L.
银杏（白果、公孙树）	*G. biloba* L.
南洋杉科	Araucariaceae
南洋杉属	*Araucaria* Juss.
异叶南洋杉（南洋杉）★	*A. heterophylla* (Salisb.) Franco

松科	Pinaceae
雪松属	*Cedrus* Trew
雪松	*Cedrus deodara* (Roxb.) G. Don
松属	*Pinus* L.
湿地松	*P. elliottii* Engelm.
日本五针松	*P. parviflora* Sieb. et Zucc.
黑松	*P. thunbergii* Parl.
金钱松属	*Pseudolarix* Gord.
金钱松	*P. amabilis* (Nelson) Rehd.
杉科	Taxodiaceae
柳杉属	*Cryptomeria* D. Don
日本柳杉	*C. japonica* (L. f.) D. Don
水杉属	*Metasequoia* Miki ex Hu et Cheng
水杉	*M. glyptostroboides* Hu et Cheng
金叶水杉	*M. g.* 'Gold Rush'
落羽杉属	*Taxodium* Rich.
池杉	*T. ascendens* Brongn.
落羽杉	*T. distichum* (L.) Rich.
中山杉 302	*T.* × *hybrida* 'Zhongshansha 302'
柏科	Cupressaceae
扁柏属（花柏属）	*Chamaecyparis* Spach
花柏（日本花柏）	*C. pisifera* (Sieb. et Zucc.) Endl.
侧柏属	*Platycladus* Spach
侧柏	*P. orientalis* (L.) Franco

圆柏属	*Sabina* Mill.
桧柏（圆柏）	*S. chinensis* (L.) Ant.
龙柏	*S. c.* 'Kaizuka'
爬地柏（铺地柏）	*S. procumbens* (Sieb. ex Endl.) Iwata et Kusaka
罗汉松科	**Podocarpaceae**
罗汉松属	*Podocarpus* L' Hér. ex Persoon.
罗汉松	*P. macrophyllus* (Thunb.) D. Don
竹柏	*P. nagi* (Thunb.) Zoll. et Mor. ex Zoll.
红豆杉科	**Taxaceae**
红豆杉属	*Taxus* L.
红豆杉	*T. chinensis* (Pilg.) Rehd.

叁 | 被子植物　Angiospermae

胡椒科	**Piperaceae**
草胡椒属	*Peperomia* Ruiz et Pav.
西瓜皮椒草★	*P. sandersii* C. DC.
豆瓣绿★	*P. tetraphylla* (Forst. f.) Hook. et Arn.
杨柳科	**Salicaceae**
杨属	*Populus* L.
意杨 'I-214'	*P.* × *canadensis* 'I-214'
柳属	*Salix* L.
垂柳	*S. babylonica* L.
花叶杞柳	*S. integra* 'Hakuro Nishiki'
银芽柳	*S. leucopithecia* Kimura

旱柳	*S. matsudana* Koidz.
绦柳	*S. m.* 'Pendula'
龙须柳	*S. m.* 'Tortusa'
杨梅科	**Myricaceae**
杨梅属	*Myrica* L.
杨梅	*M. rubra* (Lour.) Sieb. et Zucc.
胡桃科	**Juglandaceae**
枫杨属	*Pterocarya* Kunth
枫杨	*P. stenoptera* C. DC.
山毛榉(壳斗)科	**Fagaceae**
栲属(锥属、锥栗属)	*Castanopsis* Spach
苦槠	*C. sclerophylla* (Lindl.) Schott.
青冈属	*Cyclobalanopsis* Oerst.
青冈栎	*C. glauca* (Thunb.) Oerst.
栎属	*Quercus* L.
麻栎	*Q. acutissima* Carr.
榆科	**Ulmaceae**
朴属	*Celtis* L.
朴树	*C. sinensis* Pers.
榆属	*Ulmus* L.
榔榆	*U. parvifolia* Jacq.
金叶榆	*U. pumila* L. 'Jinye'
榉属	*Zelkova* Spach
榉树(大叶榉)	*Z. schneideriana* Hand. -Mazz.
大果榉(小叶榉)	*Z. sinica* Schneid.

桑科	Moraceae
构属	*Broussonetia* Vent.
构树	*B. papyrifera* (L.) L'Hér. ex Vent.
榕属	*Ficus* L.
无花果	*F. carica* L.
雅榕(小叶榕)★	*F. concinna* (Miq.) Miq.
印度橡皮树(印度榕)★	*F. elastica* Roxb. ex Hornem.
花叶橡皮树★	*F. e.* 'Doescheri'
桑属	*Morus* L.
桑	*M. alba* L.
蓼科	Polygonaceae
千叶兰属	*Muehlenbeckia* Meisn.
千叶兰★	*M. complexa* Meisn.
蓼属	*Polygonum* L.
虎杖	*P. cuspidatum* Sieb. et Zucc.
红叶腺梗小头蓼	*P. microcephala* 'Red Dragon'
红蓼	*P. orientale* L.
大黄属	*Rheum* L.
波叶大黄	*R. rhabarbarum* L.
藜科	Chenopodiaceae
甜菜属	*Beta* L.
红叶甜菜	*B. vulgaris* L. var. *cicla* L.
地肤属	*Kochia* Roth
扫帚草(地肤)	*K. scoparia* (L.) Schrad.

苋科	Amaranthaceae
锦绣苋属（莲子草属）	*Alternanthera* Forsk.
五色草	*A. bettzickiana* (Regel) Nichols.
苋属	*Amaranthus* L.
雁来红（苋、老少年、老来少）	*A. tricolor* L.
鸡冠花属（青葙属）	*Celosia* L.
鸡冠花	*C. cristata* L.
凤尾鸡冠花	*C. c.* 'Pyramidalis'
千日红属	*Gomphrena* L.
千日红	*G. globosa* L.
千日白	*G. g.* L. var. *alba* Hort.
千日粉	*G. g.* L. var. *rosea* Hort.
血苋属（红叶苋属）	*Iresine* P. Br.
红叶苋	*I. herbstii* Hook. f. ex Lindl.
黄脉苋	*I. h.* Hook. f. ex Lindl. 'Aureo-reticulata'
紫茉莉科	Nyctaginaceae
叶子花属	*Bougainvillea* Comm. ex Juss.
叶子花★	*B. glabra* Choisy
白叶子花★	*B. g.* 'Elizabeth Doxey'
玫瑰叶子花★	*B. g.* 'Sanderiana'
斑叶叶子花★	*B. g.* 'Variegata'
红叶子花★	*B. spectabilis* Willd. 'Lateritia'
紫茉莉属	*Mirabilis* L.
紫茉莉（草茉莉）	*M. jalapa* L.

番杏科（多肉植物）	Aizoaceae
露草属	*Aptenia* N. E. Br.
露草	*A. cordifolia* (L. f.) Schwant.
照波属	*Bergeranthus*
照波（仙女花）★	*B. multiceps* Schwant.
虾钳花属	*Cheiridopsis* N. E. Br.
虾钳花	*C. bifida* (Haw.) N. E. Br.
露子花属	*Delosperma* N. E. Br.
刺叶露子花（雷童）★	*D. pruinosum* (Thunb.) J. Ingram
生石花属	*Lithops* N. E. Br.
日轮生石花★	*L. aucampiae* L. Bol.
福寿生石花★	*L. eberlanzii* N. E. Br.
马齿苋科	Portulacaceae
马齿苋属	*Portulaca* L.
雅乐之舞（斑叶马齿苋）	*P. afra* (L.) Jacq. var. *foliis-variegatis*
半枝莲（太阳花、松叶牡丹）	*P. grandiflora* Hook.
马齿苋	*P. oleracea* L.
马齿苋树属	*Portulacaria* Jacq.
马齿苋树（金枝玉叶）★	*P. afra* (L.) Jacq.
石竹科	Caryophyllaceae
石竹属	*Dianthus* L.
须苞石竹	*D. barbatus* L.
石竹	*D. chinensis* L.
常夏石竹	*D. plumarius* L.

剪秋罗属	*Lychnis* L.
皱叶剪秋罗	*L. chalcedonica* L.
毛叶剪秋罗(毛缕)	*L. coronaria* (L.) Desr.
胡氏剪秋罗	*L. coronata* var. *sieboldii*
洋剪秋罗	*L. viscaria* L.
肥皂草属	*Saponaria* L.
肥皂草(石碱花)	*S. officinalis* L.
波斯肥皂草	*S. o.* 'Persia'
蝇子草属	*Silene* L.
异株蝇子草	*S. dioica* (L.) Clairv.
蝇子草	*S. fortunei* Vis.
睡莲科	**Nymphaeaceae**
莲属	*Nelumbo* Adans.
荷花	*N. nucifera* Gaertn.
萍蓬草属	*Nuphar* Smith
萍蓬草	*N. pumilum* (Hoffm.) DC.
睡莲属	*Nymphaea* L.
白睡莲	*N. alba* L.
诱惑睡莲	*N.* 'Attraction'
科罗拉多睡莲	*N.* 'Colorado'
齿叶睡莲	*N. lotus* L.
黄睡莲	*N. mexicana* Zucc.
德克萨斯睡莲	*N.* 'Texas Dawn'
睡莲	*N. tetragona* Georg.

毛茛科	Ranunculaceae
乌头属	*Aconitum* L.
乌头	*A. carmichaeli* Debx.
耧斗菜属	*Aquilegia* L.
加拿大耧斗菜	*A. canadensis* L.
大花耧斗菜	*A. glandulosa* Fisch. ex Link.
杂交耧斗菜	*A.* × *hybrida* Sims.
耧斗菜	*A. viridiflora* Pall.
紫花耧斗菜	*A. v.* f. *atropurpurea* (Willd.) Kitag
铁线莲属	*Clematis* L.
铁线莲	*C. florida* Thunb.
大叶铁线莲	*C. heracleifolia* DC.
苏珊夫人铁线莲	*C.* 'Frau Susanne'
如梦铁线莲	*C.* 'Hagley Hybrid'
总统铁线莲	*C.* 'The President'
翠雀属(飞燕草属)	*Delphinium* L.
翠雀	*D. grandiflorum* L.
芍药属	*Paeonia* L.
芍药	*P. lactiflora* Pall.
白色系	
冰山芍药	*P. l.* 'Ice Hill'
胭脂点玉芍药	*P. l.* 'Yanzhidianyu'
山芍药	*P. obovata* Maxim.
复色系	
天山红星芍药	*P. l.* 'Tianshanhongxing'

| 绚丽多彩芍药 | *P. l.* 'Xuanliduocai' |
| 艳紫向阳芍药 | *P. l.* 'Yanzixiangyang' |

黑色系

| 黑海波涛芍药 | *P. l.* 'Heihaibotao' |

红色系

| 高干红芍药 | *P. l.* 'Gaoganhong' |

黄色系

| 凤羽落金池芍药 | *P. l.* 'Fengyuluojinchi' |
| 山河红芍药 | *P. l.* 'Shanhehong' |

紫色系

彩凤朝阳芍药	*P. l.* 'Caifengchaoyang'
港龙芍药	*P. l.* 'Ganglong'
牡丹（木芍药）	*P. suffruticosa* Andr.

白色系

白雪塔牡丹	*P. s.* 'Baixueta'
凤丹白牡丹	*P. s.* 'Fengdanbai'
景玉牡丹	*P. s.* 'Jingyu'
昆山夜光牡丹	*P. s.* 'Kunshanyeguang'
香玉牡丹	*P. s.* 'Xiangyu'
月宫烛光牡丹	*P. s.* 'Yuegongzhuguang'

粉色系

闭月羞花牡丹	*P. s.* 'Biyuexiuhua'
彩绘牡丹	*P. s.* 'Caihui'
藏娇牡丹	*P. s.* 'Cangjiao'
粉中冠牡丹	*P. s.* 'Fenzhongguan'

贵妃插翅牡丹	*P. s.* 'Guifeichachi'
荷花粉翠牡丹	*P. s.* 'Hehuafencui'
粉二乔牡丹	*P. s.* 'Pink Twoqiao'
肉芙蓉牡丹	*P. s.* 'Roufurong'
桃红飞翠牡丹	*P. s.* 'Taohongfeicui'
玉面桃花牡丹	*P. s.* 'Yumiantaohua'
赵粉牡丹	*P. s.* 'Zhao Pink'
赵园粉牡丹	*P. s.* 'Zhaoyuan Pink'

复色系

花二乔牡丹	*P. s.* 'Flower Twoqiao'
花蝴蝶牡丹	*P. s.* 'Hua Hudie'

黑色系

黑花魁牡丹	*P. s.* 'Black Huakui'
青龙卧墨池牡丹	*P. s.* 'Greendragon Sleeping Pool'
冠世墨玉牡丹	*P. s.* 'Guanshi Moyu'
墨润绝伦牡丹	*P. s.* 'Morunjuelun'
乌金跃辉牡丹	*P. s.* 'Wujinyuehui'
烟龙紫牡丹	*P. s.* 'Yanlongzi'
珠光墨润牡丹	*P. s.* 'Zhuguangmorun'

红色系

百园红霞牡丹	*P. s.* 'Baiyuanhongxia'
曹州红牡丹	*P. s.* 'Caozhou Red'
大红夺锦牡丹	*P. s.* 'Dahongduojin'
大胡红牡丹	*P. s.* 'Dahuhong'
红其林牡丹	*P. s.* 'Hongqilin'

花王牡丹	*P. s.* 'Huawang'
胡红牡丹	*P. s.* 'Huhong'
卷叶红牡丹	*P. s.* 'Juanyehong'
李园红牡丹	*P. s.* 'Liyuanhong'
鲁荷红牡丹	*P. s.* 'Luhehong'
洛阳红牡丹	*P. s.* 'Luoyanghong'
明星牡丹	*P. s.* 'Mingxing'
霓虹幻彩牡丹	*P. s.* 'Nihonghuancai'
珊瑚台牡丹	*P. s.* 'Shanhutai'
十八号牡丹	*P. s.* 'Shibahao'
彤云牡丹	*P. s.* 'Tongyun'
迎日红牡丹	*P. s.* 'Yingrihong'
状元红牡丹	*P. s.* 'Zhuangyuanhong'
朱砂垒牡丹	*P. s.* 'Zhushalei'

黄色系

大叶黄牡丹	*P. s.* 'Dayehuang'
黄翠羽牡丹	*P. s.* 'Huangcuiyu'
金玉交章牡丹	*P. s.* 'Jinyujiaozhang'
姚黄牡丹	*P. s.* 'Yaohuang'

蓝色系

粉蓝盘牡丹	*P. s.* 'Fenlanpan'
宫样状牡丹	*P. s.* 'Gongyangzhuang'
蓝宝石牡丹	*P. s.* 'Lanbaoshi'
蓝芙蓉牡丹	*P. s.* 'Lanfurong'
凌花堪露牡丹	*P. s.* 'Linghuakanlu'

| 如花似玉牡丹 | *P. s.* 'Ruhuasiyu' |

绿色系

春柳牡丹	*P. s.* 'Chunliu'
豆绿牡丹	*P. s.* 'Doulv'
绿香球牡丹	*P. s.* 'Lvxiangqiu'
三变赛玉牡丹	*P. s.* 'Sanbiansaiyu'

紫色系

百园红牡丹	*P. s.* 'Baiyuanhong'
朝衣牡丹	*P. s.* 'Chaoyi'
大棕紫牡丹	*P. s.* 'Dazongzi'
叠云牡丹	*P. s.* 'Dieyun'
冠群芳牡丹	*P. s.* 'Guanqunfang'
锦袍红牡丹	*P. s.* 'Jinpaohong'
锦绣球牡丹	*P. s.* 'Jinxiuqiu'
紫二乔牡丹	*P. s.* 'Purple Twoqiao'
青龙镇宝牡丹	*P. s.* 'Qinglongzhenbao'
首案红牡丹	*P. s.* 'Shouanhong'
彤辉牡丹	*P. s.* 'Tonghui'
乌龙捧盛牡丹	*P. s.* 'Wulongpengsheng'
种生紫牡丹	*P. s.* 'Zhongshengzi'

国外品种

旭港牡丹	*P.* 'Asahimirato'
红重牡丹	*P.* 'Double Red'
海黄牡丹	*P.* 'High Noon'
岛锦牡丹	*P.* 'Shimazu'

金阁牡丹	P. 'Souvenir de Maxime Cornu'
天依牡丹	P. 'Teri'
白神牡丹	P. 'White God'
吉野川牡丹	P. 'Yoshino-gawa'
白头翁属	*Pulsatilla* Adans.
白头翁	P. chinensis (Bunge) Regel
毛茛属	*Ranunculus* L.
花毛茛	R. asiaticus L.
金莲花属	*Trollius* L.
金莲花	T. chinensis Bunge
小檗科	**Berberidaceae**
小檗属	*Berberis* L.
紫叶小檗	B. thunbergii DC. 'Atropurpurea'
十大功劳属	*Mahonia* Nutt.
阔叶十大功劳	M. bealei (Fort.) Carr.
十大功劳	M. fortunei (Lindl.) Fedde
南天竹属	*Nandina* Thunb.
南天竹	N. domestica Thunb.
木兰科	**Magnoliaceae**
鹅掌楸属（马褂木属）	*Liriodendron* L.
鹅掌楸（马褂木）	L. chinense Sarg.
木兰属	*Magnolia* L.
黄玉兰	M. champaca L.
山玉兰	M. delavayi Franch.
玉兰（玉堂春、白玉兰）	M. denudata Desr.

广玉兰(荷花玉兰)	*M. grandiflora* L.
紫玉兰(辛夷)	*M. liliflora* Desr.
厚朴	*M. officinalis* Rehd. et Wils.
二乔玉兰	*M. soulangeana* Soul.-Bod.
木莲属	*Manglietia* Bl.
木莲	*M. fordiana* (Hemsl.) Oliv.
红花木莲	*M. insignis* (Wall.) Blume
含笑属	*Michelia* L.
乐昌含笑	*M. chapensis* Dandy
含笑	*M. figo* (Lour.) Spreng.
深山含笑	*M. maudiae* Dunn
蜡梅科	**Calycanthaceae**
蜡梅属	*Chimonanthus* Lindl.
蜡梅	*C. praecox* (L.) Link
素心蜡梅	*C. p.* var. *concolor* Mak.
馨口腊梅	*C. p.* var. *grandilorus* Mak.
樟科	**Lauraceae**
樟属	*Cinnamomum* Trew.
香樟	*C. camphora* (L.) Presl
肉桂	*C. cassia* Presl
兰屿肉桂(平安树)★	*C. kotoense* Kanehira et Sasaki
山胡椒属	*Lindera* Thunb.
山胡椒	*L. glauca* (Sieb.et Zucc.) Bl.

罂粟科	**Papaveraceae**
白屈菜属	*Chelidonium* L.
白屈菜	*C. majus* L.
重瓣白屈菜	*C. m.* 'Flore Pleno'
花菱草属	*Eschscholzia* Cham.
花菱草	*E. californica* Cham.
罂粟属	*Papaver* L.
冰岛罂粟（冰岛虞美人）	*P. nudicaule* L.
东方罂粟	*P. orientale* L.
虞美人	*P. rhoeas* L.
紫堇科	**Fumariaceae**
荷包牡丹属	*Dicentra* Bernh.
荷包牡丹	*D. spectabilis* (L.) Lem
白花菜科	**Capparidaceae**
白花菜属	*Cleome* (L.) DC.
醉蝶花	*C. spinosa* L.
十字花科	**Cruciferae**
南庭荠属	*Aubrieta* L.
奥林匹卡南庭荠	*A. olympica* Boiss.
庭荠属	*Aurinia* Desv.
岩生庭荠	*A. saxatilis* (L.) Desv.
山芥属	*Barbarea* R. Br.
彩叶欧洲山芥	*B. vulgaris* 'Variegata'
芸薹属	*Brassica* L.
羽衣甘蓝	*B. oleracea* L. var. *acephala* L. f. *tricolor* Hort.

香雪球属	*Lobularia* Desv.
香雪球	*L. maritima* (L.) Desv.
紫罗兰属	*Matthiola* R. Br.
紫罗兰	*M. incana* (L.) R. Br.
诸葛菜属	*Orychophragmus* Bunge
诸葛菜(二月兰)	*O. violaceus* (L.) O. E. Schulz
猪笼草科	**Nepenthaceae**
猪笼草属	*Nepenthes* L.
猪笼草★	*N. mirabilis* (Lour.) Druce
景天科	**Crassulaceae**
莲花掌属	*Aeonium* Webb et Berth.
黑法师★	*A. arboreum* Webb et Berth. 'Atropurpureum'
夕映(艳日辉)★	*A. decorum* f. *variegata*
莲花掌★	*A. tabuliforme* f. *cristata*
青锁龙属	*Crassula* L.
燕子掌★	*C. portulacea* L.
石莲花属	*Echeveria* DC.
古紫石莲花★	*E. affinis* 'Black Knight'
东云石莲花★	*E. agavoides*
圣诞东云石莲花★	*E. a.* 'Christmas'
相府莲石莲花★	*E. a.* 'Prolifera'
天狼星石莲花★	*E. a.* 'Sirius'
黑王子★	*E.* 'Black Prince'
墨西哥蓝鸟★	*E.* 'Blue bird'
石莲花★	*E. glauca* Bak.

皮氏石莲(蓝石莲)★	E. peacockii 'Desmetiana'
花月夜★	E. pulidonis
锦晃星★	E. pulvinata
鲁氏石莲花★	E. runyonii
特玉莲★	E. r. 'Topsy Turvy'
八宝掌★	E. secunda W. B. Booth.
八宝属	***Hylotelephium*** **H. Ohba**
八宝	H. erythrostictum (Miq.) H. Ohba
长药八宝	H. spectabile (Boreau) H. Ohba
伽蓝菜属	***Kalanchoe*** **Adans.**
燕子海棠(圣诞伽蓝菜)★	K. blossfeldiana Poelln.
瓦松属	***Orostachys*** **Fisch.**
子持莲华★	O. boehmeri
厚叶草属	***Pachyphytum*** **Link**
冬美人★	P. pachytoides L.
景天属	***Sedum*** **L.**
费菜(土三七)	S. aizoon L.
高加索景天	S. caucasicum (Cross.) Boriss.
佛甲草	S. lineare Thunb.
岩景天(细叶景天)	S. middendorffianum Maxim.
松塔景天	S. nicaeense All.
垂盆草	S. sarmentosum Bunge
胭脂红景天	S. spurium 'Coccineum'
长生花属	***Sempervivum*** **L.**
卷绢(紫牡丹)★	S. arachnoideum L.

长生花（观音莲）★	S. tectorum var. braunii Wettst.
虎耳草科	**Saxifragaceae**
落新妇属	*Astilbe* Buch.-Ham.
落新妇（红升麻）	A. chinensis (Maxim) Franch. et Sav.
岩白菜属	*Bergenia* Moench.
厚叶岩白菜（星叶梅）	B. crassifolia (L.) Fritsch.
溲疏属	*Deutzia* Thunb.
宁波溲疏	D. ningpoensis Rehd.
矾根属	*Heuchera* L.
莓果矾根	H. 'Berry Smoothie'
金秋矾根	H. 'Golden Autumn'
吉拉·森林之茵矾根	H. 'Jila·senlinzhiyin'
吉拉·闪秋矾根	H. 'Jila·shanqiu'
吉拉·夕之绿矾根	H. 'Jila·xizhilv'
莱姆里基矾根	H. 'Lime Rickey'
玛玛蕾都矾根	H. 'Mamalade'
米兰矾根	H. 'Milan'
梅子布丁矾根	H. 'Plum Pudding'
草莓漩涡矾根	H. 'Strawberry Swirl'
甘茶矾根	H. 'Sweet Tea'
花毯矾根	H. 'Tapestry'
矾根	H. micrantha Dougl.
朱砂银矾根	H. 'Cinnabar Silvern'
夜玫矾根	H. 'Midnight Rose'
欧布西迪昂矾根	H. 'Obsidian'

巴黎矾根	H. 'Paris'
栖弗浪芭矾根	H. 'Peach Flambe'
瑞弗安矾根	H. 'Rave On'
绣球属（八仙花属）	***Hydrangea*** **L.**
八仙花（绣球）	H. macrophylla (Thunb.) Seringe
蓝边八仙花	H. m. var. coerulea Wils.
齿瓣八仙花	H. m. var. macrosepala Wils.
银边八仙花	H. m. var. maculata Wils.
圆锥绣球	H. paniculata Sieb.
大圆锥八仙花	H. p. var. grandiflora Sieb.
粗齿绣球	H. serrata (Thunb.) DC.
粉色回忆大花绣球	H. 'Pinky Winky'
其他（未确认拉丁名）	
帝沃利大花绣球	精灵大花绣球
姑娘大花绣球	塔贝大花绣球
爱你的吻大花绣球	魔幻珊瑚大花绣球
魔幻水晶大花绣球	含羞叶大花绣球
塞布丽娜大花绣球	蒂亚娜大花绣球
你我的永恒大花绣球	
虎耳草属	***Saxifraga*** **L.**
虎耳草	S. stolonifera Meerb.
海桐科	**Pittosporaceae**
海桐属	***Pittosporum*** **Banks et Gaertn.**
光叶海桐	P. glabratum Lindl.
海桐	P. tobira (Thunb.) Ait.

金缕梅科	Hamamelidaceae
蜡瓣花属	*Corylopsis* Sieb. et Zucc.
蜡瓣花	*C. sinensis* Hemsl.
蚊母树属	*Distylium* Sieb. et Zucc.
蚊母树	*D. racemosum* Sieb. et Zucc.
金缕梅属	*Hamamelis* L.
金缕梅	*H. mollis* Oliv.
枫香属	*Liquidambar* L.
枫香	*L. formosana* Hance
北美枫香	*L. styraciflua* L.
檵木属	*Loropetalum* R. Br.
檵木(白花)	*L. chinense* (R. Br.) Oliv.
红花檵木	*L. c.* var. *rubrum* Yieh
悬铃木科	Platanaceae
悬铃木属	*Platanus* L.
英国梧桐(二球悬铃木)	*P.* × *hispanica* Muenchh.
美国梧桐(一球悬铃木)	*P. occidentalis* L.
法国梧桐(三球悬铃木)	*P. orientalis* L.
蔷薇科	Rosaceae
木瓜属	*Chaenomeles* Lindl.
木瓜海棠(毛叶木瓜)	*C. cathayensis* (Hemsl.) Schneid.
贴梗海棠(皱皮木瓜)	*C. speciosa* (Sweet) Nakai
山楂属	*Crataegus* L.
山里红	*C. pinnatifida* Bge. var. *major* N. E. Br.

枇杷属	*Eriobotrya* Lindl.
枇杷	*E. japonica* (Thunb.) Lindl.
蚊子草属	*Filipendula* Mill.
蚊子草	*F. palmata* (Pall.) Maxim.
路边青属	*Geum* L.
路边青	*G. aleppicum* Jacq.
杂交路边青	*G.* × *sudeticum*
三叶路边青	*G. triflorum* Pursh
棣棠属	*Kerria* DC.
棣棠	*K. japonica* (L.) DC.
重瓣棣棠	*K. j.* f. *pleniflora* (Witte) Rehd.
苹果属（海棠属）	*Malus* Mill.
山定子（山荆子）	*M. baccata* (L.) Barkh.
东美人海棠	*M.* 'East Beauty'
垂丝海棠	*M. halliana* Koehne
美国（北美）海棠	*M.* 'Hybrid Cultivas'
西府海棠	*M. micromalus* Makino
苹果	*M. pumila* Mill.
八棱海棠	*M. robusta* Rehd.
绣线梅属	*Neillia* D. Don
绣线梅	*N. thyrsiflora* D. Don
石楠属	*Photinia* Lindl.
红叶石楠	*P.* × *fraseri* 'Red Robin'
石楠	*P. serrulata* Lindl.

风箱果属	*Physocarpus* (Cambess) Maxim.
风箱果	*P. amurensis* (Maxim.) Maxim.
委陵菜属	*Potentilla* L.
黄花委陵菜	*P. aurea* L.
尼泊尔委陵菜	*P. nepalensis*
李属(梅、樱、桃属)	*Prunus* L.
杏	*P. armeniaca* L.
美人梅(樱李梅)	*P.* × *blireana* 'Meiren'
紫叶李	*P. cerasifera* f. *atropurpurea* Jacq.
山桃	*P. davidiana* (Carr.) Franch.
郁李	*P. japonica* Thunb.
银河山樱	*P. j.* 'Amanogawa'
秋早樱	*P. j.* 'Autumnalis'
杭州早樱	*P. j.* 'Hangzhou'
垂枝山樱	*P. j.* 'Kiku-shidare-zakura'
白妙山樱	*P. j.* 'Shirotae'
阳光樱	*P. j.* 'Yangguang'
普贤象	*P. l.* 'Albprosea'
菊樱	*P. l.* 'Chrysathemoides'
御衣黄	*P. l.* 'Gioiko'
关山	*P. l.* 'Sekiyama'
松月	*P. l.* 'Superba'
日本晚樱	*P. lannesiana* Carr.
梅	*P. mume* Sieb. et Zucc.
重瓣跳枝梅	*P. m.* 'Chongbantiaozhimei'

大花江梅	*P. m.* 'Dahuajiangmei'
宫粉梅	*P. m.* f. *alphandii* (Carr.) Rehd.
红梅	*P. m.* f. *rubriflora* T. Y. Chen
梅山绿萼梅	*P. m.* 'Meishanlvemei'
密花江梅	*P. m.* 'Mihuajiangmei'
人面桃花梅	*P. m.* 'Renmiantaohuamei'
三轮玉蝶梅	*P. m.* 'Sanlunyudiemei'
铁骨红梅	*P. m.* 'Tieguhongmei'
晚绿萼梅	*P. m.* 'Wanlvemei'
舞扇梅	*P. m.* 'Wushanmei'
桃	*P. persica* (L.) Batsch
白碧桃	*P. p.* f. *albo-plena* Schneid.
紫叶碧桃	*P. p.* f. *atropurpurea-plena* Hort.
紫叶桃	*P. p.* f. *atropurpurea* Schneid.
碧桃	*P. p.* f. *duplex* Rehd.
红碧桃	*P. p.* 'Rubro-plena'
菊花桃	*P. p.* 'Stellata'
撒金碧桃（跳枝桃）	*P. p.* 'Versicolor'
樱桃	*P. pesudocerasus* Lindl.
樱花	*P. serrulata* Lindl.
山樱花	*P. s.* var. *spontanea* (Maxim.) Wils.
山杏（西伯利亚杏）	*P. sibirica* L.
日本早樱	*P. subhirtella* Miq.
垂枝樱	*P. s.* var. *pendula* Tanaka
椿寒樱	*P. s.* 'Introsa'

染井吉野	P. s. 'Yedoensis'
山樱桃（毛樱桃）	P. tomentosa Thunb.
榆叶梅	P. triloba Lindl.
火棘属	***Pyracantha* Roem.**
火棘	P. fortuneana (Maxim.) Li
梨属	***Pyrus* L.**
沙梨	P. pyrifolia (Burm. f.) Nakai
蔷薇属	***Rosa* L.**
藤本月季型	Clibmers (Cl.)
丰花月季型	Floribundas (Fl.)
大花月季型	Grandifloras (Gr.)
小花月季型（微型月季）	Miniature Roses (Min.)
木香	R. banksiae Ait.
重瓣白木香	R. b. var. albo-plena Rehd.
月季	R. chinensis Jacq.
野蔷薇	R. multiflora Thunb.
七姊妹蔷薇	R. m. var. carnea Throy
粉团蔷薇	R. m. var. cathayensis Rehd. et Wils.
香水月季（芳香月季）	R. odorata (Andr.) Sweet
大花香水月季	R. o. var. gigantea Rehd. et Wils.
红帽子月季	R. 'Rodhatte'
玫瑰	R. rugosa Thunb.
地榆属	***Sanguisorba* L.**
地榆	S. officinalis L.

珍珠梅属	*Sorbaria* A. Br. ex Aschers.
珍珠梅	*S. sorbifolia* (L.) A. Br.
绣线菊属	*Spiraea* L.
金焰绣线菊	*S. bumalda* 'Gold Flame'
金山绣线菊	*S. b.* 'Gold Mound'
粉花绣线菊	*S. japonica* L. f.
珍珠绣线菊	*S. thunbergii* Sieb. ex Bl.

含羞草科	Mimosaceae
金合欢属	*Acacia* Mill.
金合欢	*A. farnesiana* Willd.
合欢属	*Albizia* Durazz.
合欢	*A. julibrissin* Durazz.
山合欢（白花合欢）	*A. kalkora* (Roxb.) Prain
含羞草属	*Mimosa* L.
含羞草	*M. pudica* L.

苏木科	Caesalpiniaceae
决明属	*Cassia* L.
双荚决明	*C. bicapsularis* L.
决明子	*C. obtusifolia* L.
紫荆属	*Cercis* L.
紫叶紫荆	*C. canadensis* 'Forest Pansy'
紫荆	*C. chinensis* Bge.
白花紫荆	*C. c.* 'Alba'
巨紫荆	*C. gigantea* Cheng et Keng f.

皂荚属	*Gleditsia* L.
皂荚	*G. sinensis* Lam.
蝶形花科	**Papilionaceae**
锦鸡儿属	*Caragana* Fabr.
锦鸡儿（金雀花）	*C. sinica* (Buc' hoz) Rehd.
小冠花属	*Coronilla* L.
绣球小冠花（多变小冠花）	*C. varia* L.
木蓝属	*Indigofera* L.
多花木蓝	*I. amblyantha* Craib
百脉根属	*Lotus* L.
百脉根	*L. corniculatus* L.
羽扇豆属	*Lupinus* L.
羽扇豆	*L. micranthus* Guss.
多叶羽扇豆	*L. polyphyllus* Lindl.
苜蓿属	*Medicago* L.
紫花苜蓿	*M. sativa* L.
紫檀属	*Pterocarpus* Jacq.
紫檀	*P. indicus* Willd.
刺槐属	*Robinia* L.
刺槐	*R. pseudoacacia* L.
槐属	*Sophora* L.
槐树	*S. japonica* L.
金枝槐	*S. j.* 'Golden Stem'
香花槐	*S. j.* 'Idaho'
龙爪槐	*S. j.* var. *pendula* Loud.

车轴草属	*Trifolium* L.
红车轴草（红三叶）	*T. pratense* L.
白车轴草（白三叶）	*T. repens* L.
紫车轴草	*T. r.* 'Purpurascens Quadrifolium'

其他（未确认拉丁名）

巧克力彩色三叶草	露酒彩色三叶草
亚布麻彩色三叶草	

紫藤属	*Wisteria* Nutt.
紫藤	*W. sinensis* (Sims) Sweet

酢浆草科	Oxalidaceae
阳桃属	*Averrhoa* L.
阳桃★	*A. carambola* L.
酢浆草属	*Oxalis* L.
酢浆草	*O. corniculata* L.
三角紫叶酢浆草	*O. triangularis* A. St.

牻牛儿苗科	Geraniaceae
老鹳草属	*Geranium* L.
草原老鹳草	*G. pratense* L.
老鹳草	*G. wifordii* Maxim.
恩氏老鹳草	*G. endressii* Gay.
天竺葵属	*Pelargonium* L'Herit. ex Ait.
大花天竺葵★	*P. domesticum* Snow.
天竺葵★	*P. hortorum* Bailey

旱金莲科	Tropaeolaceae
旱金莲属	*Tropaeolum* L.
旱金莲	*T. majus* L.
亚麻科	Linaceae
亚麻属	*Linum* L.
大花亚麻	*L. grandiflorum* Desf.
宿根亚麻	*L. perenne* L.
芸香科	Rutaceae
柑橘属	*Citrus* L.
枸橼	*C. medica* L.
橘(桔)	*C. reticulata* Blanco
芸香属	*Ruta* L.
芸香	*R. graveolens* L.
苦木科	Simaroubaceae
臭椿属	*Ailanthus* Desf.
臭椿	*A. altissima* (Mill.) Swingle
楝科	Meliaceae
米兰属(米仔兰属)	*Aglaia* Lour.
米兰(米仔兰)★	*A. odorata* Lour.
楝树属	*Melia* L.
苦楝(楝树)	*M. azedarach* L.
香椿属	*Toona* Roem.
香椿	*T. sinensis* (A. Juss.) Roem.

大戟科	Euphorbiaceae
山麻杆属	*Alchornea* Sw.
山麻杆	*A. davidii* Franch.
重阳木属	*Bischofia* Bl.
重阳木	*B. polycarpa* (Lvl.) Airy-Shaw
变叶木属	*Codiaeum* A. Juss.
变叶木★	*C. variegatum* (L.) Blume
长叶变叶木★	*C. v.* var. *pictum* Muel.-Arg.
大戟属	*Euphorbia* L.
虎刺梅★	*E. mili* Ch. Des Moulins
麒麟阁（龙骨）★	*E. neriifolia* L.
麒麟角（麒麟掌）★	*E. n.* 'Cristata'
一品红★	*E. pulcherrima* Willd. ex Klotz.
光棍树★	*E. tirucalli* L.
乌桕属	*Sapium* P. Br.
乌桕	*S. sebiferum* (L.) Roxb.
木油桐属	*Vernicia* Lour.
木油桐（千年桐）	*V. montana* Lour.
黄杨科	Buxaceae
黄杨属	*Buxus* L.
雀舌黄杨	*B. bodinieri* Lévl.
瓜子黄杨（小叶黄杨）	*B. microphylla* Sieb. et Zucc.
黄杨	*B. sinica* (Rehd. et Wils.) Cheng

漆树科	Anacardiaceae
黄栌属	*Cotinus* (Tourn.) Mill.
黄栌	*C. coggygria* Scop.
红栌	*C. c. Scop.* var. *cinerea* Engl. et Wils.
紫叶黄栌	*C. c.* var. *purpureus* Rehd.
黄连木属	*Pistacia* L.
黄连木	*P. chinensis* Bunge
清香木(细叶楷木)★	*P. weinmannifolia* Poiss. ex Franch.
冬青科	Aquifoliaceae
冬青属	*Ilex* L.
冬青(红果冬青)	*I. chinensis* Sims
枸骨	*I. cornuta* Lindl.
无刺枸骨	*I. c.* var. *fortunei* S. Y. Hu
龟甲冬青	*I. crenata* Thunb. 'Convexa'
苦丁茶(大叶冬青)	*I. latifolia* Thunb.
卫矛科	Celastraceae
卫矛属	*Euonymus* L.
蔓卫矛(扶芳藤)	*E. fortunei* (Turcz.) Hand.-Mazz.
冬青卫矛(大叶黄杨)	*E. japonicus* L.
银边冬青卫矛	*E. j.* 'Albo-marginatus'
金边冬青卫矛	*E. j.* 'Aureo-marginatus'
槭树科	Aceraceae
槭树属	*Acer* L.
三角枫	*A. buergerianum* Miq.
茶条槭	*A. ginnala* Maxim.

复叶槭	A. negundo L.
鸡爪槭	A. palmatum Thunb.
红叶鸡爪槭(红枫)	A. p. 'Atropurpureum'
羽毛枫(细裂叶鸡爪槭)	A. p. 'Dissectum'
七叶树科	**Hippocastanaceae**
七叶树属	Aesculus L.
七叶树	A. chinensis Bunge
无患子科	**Sapindaceae**
栾树属	Koelreuteria Laxm.
栾树(灯笼树)	K. paniculata Laxm.
无患子属	Sapindus L.
无患子	S. mukorossi Gaertn.
凤仙花科	**Balsaminaceae**
凤仙花属	Impatiens L.
凤仙花(传统类指甲花)	I. balsamina L.
新几内亚凤仙花	I. hawkeri W. Bull
何氏凤仙花	I. walleriana Hook. f.
苏丹凤仙花	I. sultanii Hook. f.
鼠李科	**Rhamnaceae**
雀梅藤属	Sageretia Brongn.
雀梅藤	S. theazans Brongnt.
枣属	Ziziphus Mill.
枣树	Z. jujuba Mill.
葡萄科	**Vitaceae**
爬山虎属	Parthenocissus Planch.
五叶地锦(五叶爬山虎)	P. quinquefolia Planch.

爬山虎（地锦）	*P. tricuspidata* (Sieb. et Zucc.) Planch.	
葡萄属	*Vitis* L.	
葡萄	*V. vinifera* L.	
杜英科	Elaeocarpaceae	
杜英属	*Elaeocarpus* L.	
杜英	*E. decipiens* Hemsl.	
锦葵科	Malvaceae	
秋葵属	*Abelmoschus* Medicus.	
黄秋葵	*A. moschatus* Medicus.	
蜀葵属	*Althaea* L.	
蜀葵	*A. rosea* (L.) Cavan.	
深粉蜀葵	*A. r.* 'Deep Pink'	
复色蜀葵	*A. r.* 'Fuse'	
乳黄蜀葵	*A. r.* 'Milk Yellow'	
粉花蜀葵	*A. r.* 'Pink Flower'	
红花蜀葵	*A. r.* 'Red Flower'	
黄花蜀葵	*A. r.* 'Yellow Flower'	
木槿属	*Hibiscus* L.	
木芙蓉	*H. mutabilis* L.	
重瓣木芙蓉	*H. m.* f. *plena* (Andrews) S. Y. Hu.	
朱槿（扶桑花）	*H. rosa-sinensis* L.	
木槿	*H. syriacus* L.	
重瓣木槿	*H. s.* 'Lady Stanley'	

花葵属	*Lavatera* L.
花葵	*L. arborea* L.
锦葵属	*Malva* L.
锦葵	*M. sinensis* Cavan
木棉科	**Bombacaceae**
瓜栗属	*Pachira* Aubl.
瓜栗（发财树）★	*P. macrocarpa* (Cham. et Schlecht.) Walp.
梧桐科	**Sterculiaceae**
梧桐属	*Firmiana* Marsili
梧桐（青桐）	*F. simplex* (L.) W. F. Wight
猕猴桃科	**Actinidiaceae**
猕猴桃属	*Actinidia* Lindl.
猕猴桃（中华猕猴桃）	*A. chinensis* Planch.
山茶科	**Theaceae**
山茶属	*Camellia* L.
红花油茶	*C. chekiangoleosa* Hu
山茶	*C. japonica* L.
大红球山茶	*C. j.* 'Big Red Ball'
宫粉山茶	*C. j.* 'Gongfen'
粉丹山茶	*C. j.* 'Pink Red'
红芙蓉山茶	*C. j.* 'Red Lotus'
玫瑰山茶	*C. j.* 'Rose'
十样锦山茶	*C. j.* 'Shiyangjin'

六角白山茶	C. j. 'Six-angle White'
洒金山茶	C. j. 'Sprinkle Golden'
油茶	C. oleifera Abel.
南山茶	C. reticulata Lindl.
碧玉南山茶	C. r. 'Green Jade'
珠宝南山茶	C. r. 'Jewelry'
二乔南山茶	C. r. 'Two Qiao'
茶梅	C. sasanqua Thunb.
木荷属	*Schima* Reinw.
木荷	S. superba Gardn. et Champ.
藤黄科（金丝桃科）	Guttiferae
金丝桃属	*Hypericum* L.
金丝桃	H. chinense L.
柽柳科	Tamaricaceae
柽柳属	*Tamarix* L.
柽柳	T. chinensis Lour.
堇菜科	Violaceae
堇菜属	*Viola* L.
角堇	V. cornuta L.
花力角堇	V. c. 'Floral Power'
紫花地丁	V. philippica Cav. ssp. munda W. Beck.
三色堇	V. tricolor var. hortensis DC.
宾哥三色堇	V. 'Bingo'

其他（未确认拉丁名）

想象力三色堇　　　　　　卡玛三色堇

革命者三色堇

秋海棠科	Begoniaceae
秋海棠属	*Begonia* L.
丽格秋海棠★	*B.* × *aelatior*
斑叶秋海棠（银星秋海棠）★	*B. argenteo-guttata* V. Lemoine.
玻利维亚海棠★	*B. boliviensis* A. DC.
秋海棠★	*B. evansiana* Andr.
竹节秋海棠★	*B. maculata* Raddi
虎耳秋海棠★	*B. rex-cultorum* Bailey.
毛叶秋海棠★	*B. scharffiana* Regel
四季秋海棠★	*B. semperflorens* Link et Otto
球根海棠★	*B. tuberhybrida* Voss.
仙人掌科	Cactaceae
鼠尾掌属	*Aporocactus* Lem.
鼠尾掌★	*A. flagelliformis* (L.) Lem.
松露玉属	*Blossfeldia* Werd.
松露玉★	*B. liliputana* Werd.
巨人柱属	*Carnegiea* Britt. et Rose
巨人柱★	*C. gigantean*（Engelm.）Britt. et Rose
天轮柱属	*Cereus* Mill.
秘鲁天轮柱★	*C. peruvianus* (L.) Mill.

金琥属	*Echinocactus* Link et Otto
金琥★	*E. grusonii* Hildm.
仙人球属	*Echinopsis* Zucc.
短毛球★	*E. eyriesii* Zucc.
仙人球★	*E. multiplex* (Pfeiff.) Zucc.
昙花属	*Epiphyllum* Haw.
昙花★	*E. oxypetalum* (DC.) Haw.
裸萼球属	*Gymnocalycium* Pfeiff.
绯花玉★	*G. baldianum* Speg.
海王球★	*G. denudarum* var. *paraguayensis*
绯牡丹★	*G. mihanovichii* var. *friedrichii* 'Hibotan'
乳突球属（银毛球属）	*Mammillaria* Haw.
银毛球★	*M. gracilis* Pfeiff.
玉翁★	*M. hahniana* Werderm.
令箭荷花属	*Nopalxochia* Britt. et Rose
令箭荷花★	*N. ackermannii* (Haw.) F. M. Kunth
南国玉属	*Notocactus* (K. Schum.) A. Berger
狮子王球★	*N. pampeanus* (Speg.) Backeb.
仙人掌属	*Opuntia* Mill.
仙人掌★	*O. dillenii* (Ker-Gawl.) Haw.
锦绣玉属	*Parodia* Speg.
锦绣玉（金晃）★	*P. aureispina* Backeb.
锦翁玉（银晃）★	*P. chrysanthion* (K. Schum.) Backeb.

仙人指属	*Schlumbergera* Lem.
仙人指★	*S. bridgesii* (Lem.) Lofgr.
近卫柱属	*Stetsonia* Britton et Rose
近卫柱★	*S. coryne* (Salm-Dyck) Britt. et Rose
毛花柱属	*Trichocereus* (A. Berger.) Riccob.
毛花柱★	*T. pachanoi* Br. et R.
蟹爪属	*Zygocactus* K. Schum.
蟹爪兰★	*Z. truncactus* (Haw.) K. Schum.
瑞香科	**Thymelaeaceae**
瑞香属	*Daphne* L.
芫花（紫花瑞香）	*D. genkwa* Sieb. et Zucc.
瑞香	*D. odora* Thunb.
金边瑞香	*D. o.* 'Aureo-marginata'
结香属	*Edgeworthia* Meissn.
结香	*E. chrysantha* Lindl.
胡颓子科	**Elaeagnaceae**
胡颓子属	*Elaeagnus* L.
胡颓子	*E. pungens* Thunb.
沙棘属	*Hippophae* L.
沙棘	*H. rhamnoides* L.
千屈菜科（紫薇科）	**Lythraceae**
萼距花属	*Cuphea* P. Br.
萼距花	*C. ignen* A. DC.

紫薇属	*Lagerstroemia* L.
紫薇	*L. indica* L.
银薇	*L. i.* 'Alba'
紫薇玫瑰	*L. i.* 'Rosea'
红薇	*L. i.* 'Ruber'
堇薇	*L. i.* 'Violacea'
千屈菜属	*Lythrum* L.
千屈菜	*L. salicaria* L.
虾子花属	*Woodfordia* Salisb.
虾子花	*W. fruticosa* (L.) Kurz
石榴科	**Punicaceae**
石榴属	*Punica* L.
石榴	*P. granatum* L.
黄花重瓣石榴	*P. g.* var. *flavescens* 'Thousand Petals'
玛瑙石榴	*P. g.* var. *legrellei* Vant.
红花重瓣石榴	*P. g.* var. *pleniflora* Hayne.
珙桐科（蓝果树科）	**Nyssaceae**
喜树属	*Camptotheca* Decne.
喜树（千丈树）	*C. acuminata* Decne.
珙桐属	*Davidia* Baill.
珙桐（鸽子树）	*D. involucrata* Baill.
桃金娘科	**Myrtaceae**
红千层属	*Callistemon* R. Br.
红千层（串钱柳）	*C. rigidus* R. Br.

薄子木属	*Leptospermum* Forst.
松红梅	*L. scoparium* Forst.
香桃木属	*Myrtus* L.
花叶香桃木	*M. communis* 'Variegata'
菱科	**Trapaceae**
菱属	*Trapa* L.
菱	*T. bicornis* Osb.
柳叶菜科	**Onagraceae**
柳兰属	*Chamaenerion* Seguier
柳兰	*C. angustifolium* (L.) Scop.
柳叶菜属	*Epilobium* L.
柳叶菜	*E. hirsutum* L.
倒挂金钟属	*Fuchsia* L.
倒挂金钟（灯笼花）	*F.* × *hybrida* Hort. ex Sieb. et Voss.
山桃草属	*Gaura* L.
山桃草（千鸟花）	*G. lindheimeri* Engelm. et Gray
月见草属	*Oenothera* L.
月见草	*O. biennis* L.
大果月见草	*O. macrocarpa* Nutt.
美丽月见草	*O. speciosa* Nutt.
五加科	**Araliaceae**
熊掌木属	*Fatshedera* Guillaum.
熊掌木	*F. lizei* (Cochet) Guillaum.

八角金盘属	*Fatsia* Decne. et Planch.
八角金盘	*F. japonica* (Thunb.) Decne. et Planch.
常春藤属	*Hedera* L.
洋常春藤	*H. helix* L.
金边常春藤	*H. h.* 'Auaeo-variegata'
银边常春藤	*H. h.* 'Silver Queen'
常春藤（中华常春藤）	*H. nepalensis* K. Koch var. *sinensis* (Tobl.) Rehd.
南洋参属	*Polyscias* J. R. et G. Forst.
圆叶南洋参★	*P. balfouriana* Bailey
羽叶南洋参★	*P. fruticosa* (L.) Harms
南洋参（福禄桐）★	*P. guilfoylei* Bailey
鹅掌柴属	*Schefflera* J. R. et G. Forst.
澳洲鹅掌柴★	*S. actinophylla* (Endl.) Harms
鹅掌柴★	*S. octophylla* (Lour.) Harms
花叶鹅掌柴★	*S. o.* 'Variegata'
伞形科	**Umbelliferae**
刺芹属	*Eryngium* L.
厚叶刺芹	*E. agavifolium* Griseb.
扁叶刺芹	*E. planum* L.
独活属	*Heracleum* L.
异味独活	*H. sphondylium* L.
欧防风属	*Pastinaca* L.
欧防风	*P. sativa* L.

山茱萸科	Cornaceae
桃叶珊瑚属	*Aucuba* Thunb.
桃叶珊瑚	*A. chinensis* Benth.
洒金叶珊瑚	*A. japonica* Thunb. var. *variegata* D' Omb.
梾木属	*Cornus* L.
红瑞木	*C. alba* L.
杜鹃花科	Ericaceae
吊钟花属	*Enkianthus* Lour.
吊钟花	*E. quinqueflorus* Lour.
杜鹃花属	*Rhododendron* L.
西洋鹃（比利时杜鹃）	*R. hybrida*
夏鹃（皋月杜鹃）	*R. indicum* (Linn.) Sweet
白花杜鹃	*R. mucronatum* (Blume) G. Don
春鹃（朱砂杜鹃）	*R. obtusum* (Lindl.) Planch.
锦绣杜鹃（毛鹃）	*R. pulchrum* Sweet
杜鹃（映山红）	*R. simsii* Planch.
越橘属	*Vaccinium* L.
笃斯越橘（蓝莓）	*V. uliginosum* Linn.
莱格西笃斯越橘	*V.* 'Legacy'
奥尼尔笃斯越橘	*V.* 'O'Neal'
蓝美人笃斯越橘	*V.* 'Ornablue'
蓝美人1号笃斯越橘	*V.* 'Ornablue 1'

报春花科	Primulaceae
仙客来属	*Cyclamen* L.
白花仙客来★	*C.* 'Album'
仙客来★	*C. persicum* Mill.
珍珠菜属	*Lysimachia* L.
过路黄	*L. christiniae* Hance
金叶过路黄	*L. nummularia* L. 'Aurea'
细腺珍珠菜	*L. punctata* L.
报春花属	*Primula* L.
报春花(小樱草)	*P. malacoides* Franch.
鄂报春(四季樱草)	*P. obconica* Hance
藏报春(大樱草)	*P. sinensis* Sabin ex Lindl.
欧报春	*P. vulgaris* Huds
白花丹科(蓝雪科)	Plumbaginaceae
海石竹属	*Armeria*
海石竹	*A. maritima*
补血草属	*Limonium* Mill.
二色补血草	*L. bicolor* (Bunge) O. Kuntze
柿树科	Ebenaceae
柿树属	*Diospyros* L.
柿树	*D. kaki* L. f.
野茉莉科	Styracaceae
秤锤树属	*Sinojackia* Hu
秤锤树	*S. xylocarpa* Hu

络石	T. jasminoides (Lindl.) Lem.
花叶络石	T. j. 'Flame'
蔓长春花属	Vinca L.
蔓长春花	V. major L.
花叶蔓长春	V. m. 'Variegata'
萝藦科	Asclepiadaceae
马利筋属	Asclepias L.
马利筋★	A. curassavica L.
夜来香属	Telosma Cov.
夜来香	T. cordata (Burm. f.) Merr.
旋花科	Convolvulaceae
马蹄金属	Dichondra J. R. et G. Forst.
马蹄金	D. repens Forst.
牵牛属	Pharbitis Choisy
牵牛(喇叭花)	P. nil (L). Choisy
茑萝属	Quamoclit Moench
茑萝	Q. pennata (Lam.) Bojer
花荵科	Polemoniaceae
福禄考属	Phlox L.
福禄考	P. drummondii Hook.
宿根福禄考	P. paniculata L.
针叶(丛生)福禄考	P. subulata L.

紫草科	Boraginaceae
牛舌草属	*Anchusa* L.
牛舌草	*A. italica* Retz.
勿忘草属	*Myosotis* L.
勿忘草	*M. sylvatica* Hoffm.
肺草属	*Pulmonaria* L.
甜肺草夫人	*P. saccharata* 'Mrsmoon'
聚合草属	*Symphytum* L.
矮聚合草	*S. officinale* L.
马鞭草科	Verbenaceae
紫珠属	*Callicarpa* L.
紫珠（白棠子树）	*C. dichotoma* (Lour.) K. Koch
赪桐属	*Clerodendrum* L.
龙吐珠（麒麟吐珠）★	*C. thomsonae* Balf. f.
假连翘属	*Duranta* L.
假连翘	*D. repens* L.
马缨丹属	*Lantana* L.
马缨丹（五色梅）	*L. camara* L.
马鞭草属	*Verbena* L.
柳叶马鞭草	*V. bonariensis* L.
戟叶马鞭草	*V. hastata* L.
美女樱	*V. hybrida* Voss.
细叶美女樱	*V. tenere* Spreng.

唇形科	Labiatae
筋骨草属	*Ajuga* L.
筋骨草	*A. ciliata* Bunge
药水苏属	*Betonica* L.
药水苏	*B. officinalis* L.
鞘蕊花属	*Coleus* Lour.
彩叶草（五彩苏）	*C. scutellarioides* (L.) Benth.
皱叶彩叶草	*C. s.* var. *verschaffeltii* Lem

其他（未确认拉丁名）

古典绒彩叶草	兰迪彩叶草
橙色果酱彩叶草	悸动琳达彩叶草
蕾都爱兹彩叶草	沃尔特纳彩叶草
阳光三色彩叶草	

活血丹属	*Glechoma* L.
花叶活血丹	*G. hederocea* L. 'Variegata'
活血丹（连钱草）	*G. longituba* (Nakai) Kupr
薰衣草属	*Lavandula* L.
薰衣草	*L. angustifolia* Mill.
宽叶薰衣草	*L. latifolia* Vill.
薄荷属	*Mentha* L.
薄荷	*M. haplocalyx* Briq.
皱叶薄荷（吸毒草）	*M. officinalis* L.
留兰香（绿薄荷）	*M. spicata* L.

美国薄荷属	*Monarda* L.
美国薄荷	*M. didyma* L.
蓓蕾之夜美国薄荷	*M. d.* 'Praire Night'
堇紫美国薄荷	*M. d.* 'Violacea'
荆芥属	*Nepeta* L.
短柄荆芥	*N. subsessilis* Maxim.
牛至属	*Origanum* L.
牛至	*O. vulgare* L.
光叶牛至	*O. laevigatum* Boiss.
假龙头花属	*Physostegia* Benth.
假龙头花	*P. virginiana* Benth.
延命草属	*Plectranthus* L' Herit.
碰碰香★	*P. hadiensis* var. *tomentosus* (Benth. ex E. Mey.) Codd
夏枯草属	*Prunella* L.
大花夏枯草	*P. grandiflora* (L.) Scholl.
夏枯草	*P. vulgaris* L.
迷迭香属	*Rosmarinus* L.
迷迭香★	*R. officinalis* L.
鼠尾草属	*Salvia* L.
一串蓝（蓝花鼠尾草）	*S. farinacea* Benth.
深蓝鼠尾草	*S. officinalis*
鼠尾草	*S. japonica* Thunb.
林地鼠尾草	*S. nemorosa* L.

南欧丹参	S. sclarea L.
一串红	S. splendens Ker.-Gawl.
黄芩属	Scutellaria L.
爪哇黄芩	S. javanica Jungh.
欧夏至草属	Marrubium L.
德国水苏（欧洲夏至草）	M. vulgare L.
水苏属	Stachys L.
大花水苏	S. grandiflora (Stev. ex Willd.) Benth.
绵毛水苏	S. lanata Jacq.
药用水苏	S .officinalis (L.) Trev.
石蚕属（香科属）	Teucrium L.
银石蚕（水果篮）	T. fruticans L.
西尔加香科	T. hircanicum L.
百里香属	Thymus L.
百里香★	T. mongolicus Ronn.
茄科	Solanaceae
番茉莉属	Brunfelsia L.
二色茉莉★	B. latifolia Benth.
辣椒属	Capsicum L.
朝天椒	C. annuum L. var. conoides (Mill.) Irish
五色椒	C. a. var. parva-acuminatum Makino
枸杞属	Lycium L.
枸杞	L. chinense Mill.

烟草属	*Nicotiana* L.
花烟草	*N. alata* Link et Otto
矮牵牛属	*Petunia* Juss.
矮牵牛	*P. hybrida* Vilm.
茄属	*Solanum* L.
乳茄	*S. mammosum* L.
玄参科	**Scrophulariaceae**
香彩雀属	*Angelonia* Humb. et Bonpl.
香彩雀	*A. salicariifolia* Humb.
金鱼草属	*Antirrhinum* L.
金鱼草	*A. majus* L.
花雨金鱼草	*A. m.* 'Flower Showers'
锦绣金鱼草	*A. m.* 'Kim Series'
蒲包花属	*Calceolaria* L.
蒲包花(荷包花)★	*C. crenatiflora* Cav.
毛地黄属	*Digitalis* L.
毛地黄	*D. purpurea* L.
柳穿鱼属	*Linaria* Mill.
柳穿鱼(小金鱼草)	*L. vulgaris* Mill.
泡桐属	*Paulownia* Sieb. et Zucc.
泡桐	*P. fortunei* Hemsl.
毛泡桐	*P. tomentosa* (Thunb.) Steud.
钓钟柳属	*Penstemon* Schmidel.
红花钓钟柳	*P. barbatus* Nutt.

钓钟柳	P. campanulatus (Cav.) Willd.
指状钓钟柳（毛地黄叶钓钟柳）	P. digitalis Nutt. et Sims
毛叶钓钟柳	P. hirsutus
胡思克红钓钟柳	P. 'Husky'
光叶钓钟柳	P. laevigatus Ait.
红岩钓钟柳	P. × mexicali 'Red Rocks'
卵叶钓钟柳	P. ovatus Dougl. ex Hook.
帕氏钓钟柳	P. palmarl
小花钓钟柳	P. procerus
爆仗竹属	***Russelia* Jacq.**
爆竹花	R. equisetiformis Schlecht. et Cham.
蝴蝶草属	***Torenia* L.**
夏堇（蓝猪耳）	T. fournieri Lindl. ex Fourn.
红猪耳	T. f. 'Para Pink'
毛蕊花属	***Verbascum* L.**
东方毛蕊花	V. chaixii Vill. subsp. orientale Hayek
密花毛蕊花	V. densiflorum L.
毛蕊花	V. thapsus L.
婆婆纳属	***Veronica* L.**
奥地利婆婆纳	V. austriaca L.
龙胆婆婆纳	V. gentianoides L.
轮叶婆婆纳	V. sibiricum (L.) Pennell
穗花婆婆纳	V. spicata L.

白花穗花婆婆纳	*V. s.* 'Alba'
紫葳科	**Bignoniaceae**
凌霄属	*Campsis* Lour.
凌霄	*C. grandiflora* (Thunb.) Schum.
美国凌霄	*C. radicans* (L.) Seem.
粉花凌霄属	*Pandorea* Spach
粉花凌霄（澳洲凌霄）	*P. jasminoides* Schum.
炮仗花属	*Pyrostegia* Presl.
炮仗花	*P. ignea* Presl.
菜豆树属	*Radermachera* Zoll. et Mor.
绿宝（菜豆树、幸福树）★	*R. sinica* (Hance) Hemsl.
苦苣苔科	**Gesneriaceae**
非洲紫罗兰属	*Saintpaulia* H. Wendl.
非洲紫罗兰	*S. ionantha* H. Wendl.
苦苣苔属（大岩桐属）	*Sinningia* Nees
大岩桐（六雪尼）★	*S. speciosa* (Lodd.) Hiern.
爵床科	**Acanthaceae**
老鼠簕属	*Acanthus* L.
茛力花	*A. mollis* L.
单药花属	*Aphelandra* R. Br.
单药花（银脉爵床）★	*A. squarrosa* Nees
虾衣花属	*Callispidia* Bremek.
虾衣花★	*C. guttata* (Brand.) Bremek.

费道花属（网纹草属）	*Fittonia* Coem.
小叶白网纹草	*F. argyroneura* Nichols. 'Minima'
费道花（红网纹草）	*F. verschaffeltii* Coem.
白网纹草	*F. v.* var. *argyroneura* (Coem.) Nichols
厚穗爵床属	*Pachystachys* Nees
金苞花（黄虾花）★	*P. lutea* Nees
芦莉草属	*Ruellia* L.
翠芦莉	*R. brittoniana* Leonard
山牵牛属	*Thunbergia* Retz.
黑眼苏珊（翼叶山牵牛）	*T. alata* Bojer
车前科	***Plantaginaceae***
车前属	*Plantago* L.
长叶车前	*P. lanceolata* L.
大车前	*P. major* L.
紫叶车前	*P. m.* 'Purpurea'
花叶车前	*P. m.* 'Variegtat'
茜草科	***Rubiaceae***
水杨梅属	*Adina* Salisb.
水杨梅	*A. rubella* Hance
栀子属	*Gardenia* Ellis
栀子花	*G. jasminoides* Ellis
大花栀子	*G. j.* var. *fortuniana* (Lindl.) Hara
狭叶栀子（小叶栀子）	*G. stenophylla* Merr.

龙船花属	*Ixora* L.
龙船花	*I. chinensis* Lam.
五星花属	*Pentas* Benth.
五星花(繁星花)	*P. lanceolata* Schum.
长柱草属	*Phuopsis* Hook.
长柱草	*P. stylosa* (Trin.) Hook. f.
匍匐长柱草	*P. s.* 'Repens'
六月雪属	*Serissa* Comm.
六月雪	*S. japonica* Thunb.
金边六月雪	*S. j.* var. *aureo-marginata* Hort.
忍冬科	Caprifoliaceae
六道木属(糯米条属)	*Abelia* R. Br.
六道木	*A. biflora* Turcz.
糯米条	*A. chinensis* R. Br.
大花六道木	*A.* × *grandiflora* Rehd.
忍冬属	*Lonicera* L.
布朗忍冬	*L.* × *brownii* (Reg.) Carr.
金红久忍冬	*L.* × *heckrottii* Rehd.
金银花	*L. japonica* Thunb.
金叶亮绿忍冬	*L. nitida* 'Baggesen's Gold'
接骨木属	*Sambucus* L.
花叶接骨木	*S. nigra* L. 'Variegata'
黑叶接骨木	*S. n.* 'Guincho Purple'
荚蒾属	*Viburnum* L.
绣球花(木绣球)	*V. macrocephalum* Fort.

琼花(聚八仙)	*V. m.* f. *keteleeri* (Carr.) Nichols.
珊瑚树(法国冬青)	*V. odoratissimum* Ker-Gawl. var. *awabuki* (K. Koch) Zabel ex Rumpl.
锦带花属	*Weigela* Thunb.
海仙花(朝鲜锦带花)	*W. coraeensis* Thunb.
锦带花	*W. florida* (Bunge) A. DC.
红王子锦带	*W. f.* 'Red Prince'
川续断科	Dipsacaceae
川续断属	*Dipsacus* L.
起绒草	*D. fullonum* L.
葫芦科	Cucurbitaceae
南瓜属	*Cucurbita* L.
观赏南瓜(金瓜)	*C. pepo* var. *ovifera* Alef.
葫芦属	*Lagenaria* Ser.
葫芦	*L. siceraria* (Molina) Standl.
观赏葫芦	*L. s.* var. *microcarpa* Hara
苦瓜属	*Momordica* L.
癞瓜(苦瓜)	*M. charantia* L.
桔梗科	Campanulaceae
沙参属	*Adenophora* Fisch.
云南沙参	*A. khasiana* (Hook. f. et Thoms.) Coll. et Hemsl.
风铃草属	*Campanula* L.
风铃草	*C. medium* L.
桃叶风铃草	*C. persicifolia* L.

紫斑风铃草	*C. punctata* Lam.
匍根（牧根）风铃草	*C. rapunculoides* L.
半边莲属	***Lobelia* L.**
半边莲	*L. chinensis* Lour.
桔梗属	***Platycodon* A. DC.**
桔梗	*P. grandiflorus* (Jacq.) A. DC.
菊科	**Compositae**
蓍草属	***Achillea* L.**
千叶蓍（欧蓍草）	*A. millefolium* L.
粉花蓍草	*A. m.* 'Rosea'
红花蓍草	*A. m.* 'Rubrum'
藿香蓟属	***Ageratum* L.**
藿香蓟	*A. conyzoides* L.
蓝目菊属	***Arctotis* L.**
蓝目菊	*A. stoechadifolia* Berg. var. *grandis*
木茼蒿属	***Argyranthemum* Webb. ex Sch.-Bip.**
蓬蒿菊（玛格丽特花）	*A. frutescens* (L.) Sch.-Bip.
紫菀属	***Aster* L.**
美国紫菀	*A. novae-angliae* L.
荷兰菊	*A. novi-belgii* L.
安德荷兰菊（纪念美国紫菀）	*A. novae-angliae* 'Andenken an Alma Pötschke'
紫菀	*A. tataricus* L. f.
雏菊属	***Bellis* L.**

雏菊	*B. perennis* L.
五色菊属	*Brachycome* Cass.
五色菊	*B. iberidifolia* Benth.
金盏菊属	*Calendula* L.
金盏菊	*C. officinalis* L.
翠菊属	*Callistephus* Cass.
翠菊	*C. chinensis* Nees
矢车菊属	*Centaurea* L.
银叶菊	*C. cineraria* L.
矢车菊	*C. cyanus* L.
果香菊属	*Chamaemelum* Mill.
果香菊(白花幅枝菊)	*C. nobile* (L.) All.
茼蒿属	*Chrysanthemum* L.
三色菊(花环菊)	*C. carinatum* L.
茼蒿	*C. coronarium* L.
白晶菊	*C. paludosum* Poir.
蓟属	*Cirsium* Mill.
蓟	*C. japonicum* DC.
金鸡菊属	*Coreopsis* L.
金鸡菊	*C. drummondii* Torr. et Gray
大花金鸡菊	*C. grandiflora* Hogg.
剑叶金鸡菊	*C. lanceolata* L.
波斯菊属	*Cosmos* Cav.

波斯菊	*C. bipinnatus* Cav.
硫华菊	*C. sulphureus* Cav.
大丽花属	***Dahlia* Cav.**
红大丽花	*D. coccinea* Cav.
大丽花	*D. pinnata* Cav.
菊属	***Dendranthema* (DC.) Des Moul.**
甘菊	*D. lavandulaefolium* (Fisch.) Ling et Shih
菊花	*D. morifolium* (Ramat.) Tzvel.
紫松果菊属	***Echinacea* Moench.**
松果菊(紫松果菊)	*E. purpurea* Moench.
蓝刺头属	***Echinops* L.**
锐利蓝刺头	*E. pungens* Trautv.
鲁屯尼斯蓝刺头	*E. ruthenicus* Bieb.
蓝刺头	*E. sphaerocephalus* L.
泽兰属	***Eupatorium* L.**
泽兰	*E. japonicum* Thunb.
大吴风草属	***Farfugium* Lindl.**
大吴风草	*F. japonicum* (L.) Kitam.
天人菊属	***Gaillardia* Foug.**
宿根天人菊	*G. aristata* Pursh
雷蒙宿根天人菊	*G. a.* 'Lehman'
小鬼宿根天人菊	*G. a.* 'Goblin'
天人菊(美丽天人菊)	*G. pulchella* Foug.

妖怪大花天人菊	G. × grandiflora Van Houtte 'Bogies'
炫目大花天人菊	G. × grandiflora Van Houtte 'Dazzler'
勋章菊属	Gazania L.
勋章菊	G. rigens R. Br.
非洲菊属	Gerbera L. ex Cass.
非洲菊	G. jamesonii Bolus
堆心菊属	Helenium L.
堆心菊	H. autumnale L.
紫心菊	H. flexuosum Raf.
向日葵属	Helianthus L.
向日葵	H. annuus L.
米莲向日葵	H. maximiliani
麦秆菊属（蜡菊属）	Helipterum L.
麦秆菊（蜡菊）	H. bracteatum Andr.
赛菊芋属	Heliopsis Pers.
葵叶赛菊芋	H. helianthoides Sweet
山柳菊属	Hieracium L.
橙黄山柳菊	H. aurantiacum Urv.
滨菊属	Leucanthemum Mill.
大滨菊	L. maximum (Ramood) DC.
滨菊	L. vulgare Lam.
蛇鞭菊属	Liatris Willd.
蛇鞭菊	L. spicata (L.) Willd.
匹菊属	Pyrethrum Zinn

除虫菊	*P. cinerariifolium* Trev.
短舌匹菊(小白菊)	*P. parthenium* (L.) Sm.
金光菊属	*Rudbeckia* L.
全缘金光菊	*R. fulgida* Ait.
黑心金光菊	*R. hirta* L.
黑心菊	*R. hybrida* Hort.
金光菊	*R. laciniata* L.
秋金光菊	*R.* 'Herbstsonne'
美丽金光菊	*R. speciosa* Wender.
三裂叶金光菊	*R. triloba* L.
千里光属	*Senecio* L.
银叶菊(雪叶莲)	*S. cineraria* DC.
瓜叶菊	*S. cruentus* (Mass.) DC.
柠檬千里光(翡翠珠)	*S. rowleyanus* Jacobsen
蛇目菊属	*Sanvitalia* Gualt.
蛇目菊	*S. procumbens* Lam.
一枝黄花属	*Solidago* L.
一枝黄花	*S. canadensis* L.
千日菊属	*Spilanthes* Jacq.
桂圆菊	*S. oleracea* L.
万寿菊属	*Tagetes* L.
万寿菊	*T. erecta* L.
孔雀草	*T. patula* L.

蒲公英属	*Taraxacum* F. H. Wigg
蒲公英	*T. mongolicum* Hand.-Mazz.
斑鸠菊属	*Vernonia* Schreb.
斑鸠菊	*V. esculenta* Hemsl.
百日草属	*Zinnia* L.
小百日草	*Z. angustifolia* H. B. K.
百日草	*Z. elegans* Jacq.
细叶百日草	*Z. linearis* Benth.

香蒲科 Typhaceae

香蒲属	*Typha* L.
香蒲	*T. angustata* Bory et Chaub.
小香蒲	*T. minima* Funk

茨藻科 Najadaceae

茨藻属	*Najas* L.
茨藻	*N. marina* L.

泽泻科 Alismataceae

泽泻属	*Alisma* L.
泽泻	*A. orientale* (Sam.) Juzepcz
慈姑属	*Sagittaria* L.
慈姑	*S. sagittifolia* L.

禾本科 Gramineae

芨芨草属	*Achnatherum* Beauv.
远东芨芨草	*A. extremiorientale* (Hara) Keng ex P. C. Kuo
须芒草属	*Andropogon* L.

杰氏须芒草	*A. gerardii* Vitman
芦竹属	***Arundo*** **L.**
芦竹	*A. donax* L.
花叶芦竹	*A. d.* var. *versicolor* Kunth
箣竹属	***Bambusa*** **Schreb.**
孝顺竹	*B. glaucescens* (Willd.) Sieb. ex Munro
凤尾竹	*B. g.* 'Fernleaf'
佛肚竹	*B. ventricosa* McClure
黄金间碧竹	*B. vulgaris* 'Vitata'
北美穗草属	***Chasmanthium*** **Yates**
小盼草	*C. latifolium* (Michx.) Yates
虎尾草属	***Chloris*** **Swartz**
虎尾草	*C. virgata* Swartz
狗牙根属	***Cynodon*** **Richard**
狗牙根	*C. dactylon* (L.) Pers.
野青茅属	***Deyeuxia*** **Clarion**
野青茅	*D. arundinacea* (L.) Beauv
兴安野青茅	*D. a.* var. *tnrczaninowii* Y. L. Chang
画眉草属	***Eragrostis*** **Beauv.**
画眉草	*E. pilosa* (L.) Beauv.
丽色画眉草	*E. spectabilis* (Pursh) Steud.
羊茅属	***Festuca*** **L.**
高羊茅	*F. elata* Keng
蓝羊茅	*F. e.* var. *glauca* Hack.

黑麦草属	*Lolium* Lam.
一年生黑麦草	*L. multiflorum* Lam.
黑麦草	*L. perenne* L.
芒属（荻属）	*Miscanthus* Anderss.
芒	*M. sinensis* Anderss.
细叶芒	*M. s.* 'Gracillimus'
花叶芒	*M. s.* 'Variegatus'
矮芒	*M. s.* 'Yaku Jima'
斑叶芒	*M. s.* 'Zebrinus'
黍属	*Panicum* L.
柳枝稷	*P. virgatum* L.
重金柳枝稷	*P. v.* 'Heavy Metal'
罗斯特柳枝稷	*P. v.* 'Roste'
狼尾草属	*Pennisetum* Rich.
狼尾草	*P. alopecuroides* (L.) Spreng.
莫瑞（黑）狼尾草	*P. a.* 'Moudry'
御谷（观赏谷子）	*P. glaucum* (L.) R. Br.
日本狼尾草	*P. japonicum* Trin.
大布尼狼尾草	*P. orientale* 'Tall Tails'
紫叶狼尾草	*P. setaceum* 'Rubrum'
白美人狼尾草	*P. villosum* 'Longistylum'
虉草属	*Phalaris* L.
玉带草	*P. arundinacea* var. *picta* L.
球茎虉草	*P. tuberose* L. Mantissa.

芦苇属	*Phragmites* Trin.
芦苇	*P. communis* Trin.
刚竹属	*Phyllostachys* Sieb.
罗汉竹	*P. aurea* Carr. ex Riv.
金镶玉竹	*P. aureosulcata* McClure f. *spectabilis* C. D. Chu et C. S. Chao
刚竹	*P. bambusoides* Sieb. et Zucc.
淡竹	*P. glauca* McClure
水竹	*P. heteroclada* Oliver
紫竹	*P. nigra* (Lodd.) Munro
毛竹	*P. pubercens* Mazel ex H. de Lebaie
金竹	*P. sulphurea* (Carr.) A. et C. Riviere
赤竹属	*Sasa* Makino et Shibata
菲白竹	*S. fortunei* (Van Houtte) Fiori
针茅属	*Stipa* L.
针茅	*S. capillata* L.
德克萨斯针茅	*S.* 'Texas'
菰属	*Zizania* Gronov. ex L.
茭白	*Z. caduciflora* (Turcz. ex Trin.) Hand.-Mazz.
结缕草属	*Zoysia* Willd.
沟叶结缕草(马尼拉)	*Z. matrella* (L.) Merr.
细叶结缕草	*Z. tenuifolia* Willd.
莎草科	Cyperaceae
薹草属	*Carex* L.
薹草披斗士	*C. caryophyllea* 'The Beatles'
贝克莱薹草	*C. divulsa*

金丝薹草	C. 'Evergold'
灰白薹草	C. grayi Carey
甘肃薹草	C. kansuensis Nelmes
卵穗薹草	C. ovatispiculata F. T. Wang & Y. L. Chang ex S. Yun Liang
细叶薹草	C. rigescens (Franch.) V. Krecz
莎草属	*Cyperus* L.
旱伞草（伞竹）	C. altrenifolius L.
蔗草属	*Scirpus* L.
水葱	S. tabernaemontani Gmel.
棕榈科	**Palmae**
鱼尾葵属	*Caryota* L.
鱼尾葵★	C. ochlandra Hance
竹棕属	*Chamaedorea* Willd.
袖珍椰子★	C. elegans Mart.
散尾葵属	*Chrysalidocarpus* H. Wendl.
散尾葵★	C. lutescens H. Wendl.
茶马椰子属	*Pritchardia* Seem. et H. Wendl.
夏威夷椰子★	P. gaudichaudii H. Wendl.
棕竹属	*Rhapis* L. f.
棕竹	R. excelsa (Thunb.) A. Henry ex Rehd.
金山棕	R. multifida Burr.
棕榈属	*Trachycarpus* H. Wendl.
棕榈	T. fortunei (Hook. f.) H. Wendl.

天南星科	Araceae
菖蒲属	*Acorus* L.
菖蒲（香蒲）	*A. calamus* L.
石菖蒲（金钱蒲）	*A. gramineus* Sol. ex Aiton
金叶金钱蒲	*A. g.* 'Ogan'
广东万年青属（亮丝草属）	*Aglaonema* Schott
白斑亮丝草（金皇后）★	*A. commutatum* Schott
广东万年青★	*A. modestum* Schott ex Engl.
海芋属	*Alocasia* (Schott) G. Don
大海芋（观音莲）★	*A. macrorrhizo* (L.) Schott
美叶芋★	*A. sanderiana* Bull.
花烛属（安祖花属）	*Anthurium* Schott
花烛（灯台花）★	*A. andraeanum* Lind.
安祖花（红掌、火鹤花）★	*A. scherzerianum* Schott
白苞安祖花（白苞红鹤芋）★	*A. s.* 'Maximum Album'
花叶芋属	*Caladium* Vent.
花叶芋★	*C. bicolor* (Ait.) Vent.
红斑花叶芋★	*C.* 'Attala'
红脉花叶芋★	*C.* 'Edith Mead'
花叶万年青属	*Dieffenbachia* Schott
大王黛粉叶★	*D. amena* 'Tropic Snow'
黄绿万年青★	*D.* 'Lmperialis'
花叶万年青★	*D. picta* Schott
麒麟叶属	*Epipremnum* Schott
绿萝★	*E. aureum* (Linden et André) Bunt.

龟背竹属	*Monstera* Schott
龟背竹★	*M. deliciosa* Liebm.
喜林芋属	*Philodendron* Schott
金钻蔓绿绒★	*P.* 'Con-go'
绿帝王喜林芋★	*P.* 'Imperial Green'
春羽★	*P. selloum* C. Koch
白鹤芋属（苞叶芋属）	*Spathiphyllum* Schott
白鹤芋★	*S. wallisii* Regel
合果芋属	*Syngonium* Schott
合果芋★	*S. podophyllum* Schott
马蹄莲属	*Zantedeschia* Spreng.
马蹄莲★	*Z. aethiopica* (L.) Spreng.
红花马蹄莲★	*Z. rehmannii* Engl.
凤梨科	**Bromeliaceae**
凤梨属	*Ananas* Mill.
花叶凤梨★	*A. comosus* Merr. 'Aureo Variegatus'
美叶光萼荷★	*A. fasciata* Bak.
水塔花属	*Billbergia* Thunb.
水塔花（火焰凤梨）★	*B. pyramidalis* (Sims) Lindl.
果子蔓属	*Guzmania* Ruiz et Pav.
果子蔓（红杯凤梨）★	*G. lingulata* Mez
铁兰属	*Tillandsia* L.
铁兰（紫花凤梨）★	*T. cyanea* Linden ex K. Koch
松萝铁兰（老人须）★	*T. usneoides* L.

鸭跖草科	Commelinaceae
鸭跖草属	*Commelina* L.
鸭跖草	*C. communis* L.
紫竹梅属	*Setcreasea* K. Schum. et Sydow
紫竹梅(紫鸭跖草)	*S. purpurea* Boom.
紫露草属	*Tradescantia* L.
安德森紫露草	*T.* × *andersoniana* W. Ludw. et Rohweder
紫露草	*T. virginiana* L.
吊竹梅属	*Zebrina* Schnizl.
吊竹梅	*Z. pendula* Schnizl.
雨久花科	Pontederiaceae
凤眼莲属	*Eichhornia* Kunth
凤眼莲	*E. crassipes* Solms.
大花凤眼莲	*E. c.* var. *major* Hort.
雨久花属	*Monochoria* C. Presl
雨久花	*M. korsakowii* Regel et Maack
梭鱼草属	*Pontederia* L.
梭鱼草	*P. cordata* L.
百合科	Liliaceae
葱属	*Allium* L.
单叶葱(扁叶葱)	*A. unifolium* Kellogg
芦荟属	*Aloe* L.
大芦荟(非洲芦荟)★	*A. arborescens* Mill. var. *natalensis* Berger.
中华芦荟★	*A. chinensis* (Haw.) Baker
不夜城芦荟★	*A. mitriformis* Mill.

库拉索芦荟★	*A. vera* L.
天门冬属	***Asparagus*** L.
天门冬	*A. cochinchinensis* (Lour.) Merr.
文竹★	*A. plumosus* Baker
矮文竹★	*A. p.* var. *nanus* Nichols.
蜘蛛抱蛋属	***Aspidistra*** Ker-Gawl.
蜘蛛抱蛋(一叶兰)★	*A. elatior* Bl.
吊兰属	***Chlorophytum*** Ker-Gawl.
宽叶吊兰★	*C. capense* (L.) Kuntze
银边吊兰★	*C. c.* var. *marginata* Hort
吊兰★	*C. comosum* (Thunb.) Baker
金心吊兰★	*C. c.* 'Medio Pictum'
金边吊兰★	*C. c.* 'Variegatum'
秋水仙属	***Colchicum*** L.
秋水仙★	*C. autumnale* L.
萱草属	***Hemerocallis*** L.
萱草	*H. fulva* L.
重瓣萱草	*H. f.* var. *kwanso* Regel
大花萱草	*H. hybrida* Hort.
金娃娃萱草	*H. h.* 'Stella De Oro'
阿帕切萱草	*H.* 'Apache'
粉红色回报萱草	*H.* 'Beloved Return'
大花奶油卷萱草	*H.* 'Betty Woods'
大花渭河萱草	*H.* 'Double River Wye'
尖叫问候萱草	*H.* 'Elegant Greeting'

其他（未确认拉丁名）

百合白萱草	白色诱惑萱草
长野马克西姆萱草	粉色眼睛萱草
弗兰亨瑞萱草	亥伯龙神萱草
黑箭头萱草	欢乐时刻萱草
加拿大巡逻队萱草	家庭主妇萱草
惊叫萱草	金光大道萱草
困境萱草	柠檬玛德琳萱草
普克斯托你萱草	乔丹大花萱草
强烈的爱萱草	土黄萱草
西蒙斯序曲萱草	伊丽莎白索尔特萱草
优美达拉萱草	芝加哥阿帕契萱草

玉簪属	*Hosta* Tratt.
紫玉簪	*H. albo-marginata* (Hook.) Ohwi
玉簪	*H. plantaginea* (Lam.) Aschers.
边境街道玉簪	*H.* 'Border Street'
糖与奶油玉簪	*H.* 'Candy & Cream'
樱桃浆果玉簪	*H.* 'Cherry Fruit'
德尔塔黎明 1 号玉簪	*H.* 'Derta Dawn 1'
德尔塔黎明 2 号玉簪	*H.* 'Derta Dawn 2'
油炸香蕉玉簪	*H.* 'Fried Banana'
缤纷节日玉簪	*H.* 'Fun Festival'
金标玉簪	*H.* 'Gold Standard'
皇标玉簪	*H.* 'Imperial Standard'
翡翠头饰玉簪	*H.* 'Jade Ornaments'

地主玉簪	H. 'Landlord'
梅尔迪奥玉簪	H. 'Mel Dio'
月光奏鸣曲玉簪	H. 'Moonlight Sonata'
皇家规范玉簪	H. 'Royal Standard'
春色玉簪	H. 'Spring Scenery'
尤尼维塔玉簪	H. 'Uni Vita'
祖恩兹玉簪	H. 'Zu Enzi'
575 玉簪	H. '575'
538 玉簪	H. '538'
优雅大玉簪	H. siebodiana var. elegans
波叶玉簪(花叶玉簪)	H. undulata Bailey
帝王之光玉簪	H. u. var. albomarginata
风信子属	***Hyacinthus*** **L.**
风信子	H. orientalis L.
火把莲属	***Kniphofia*** **Moench.**
火炬花(火把莲)	K. uvaria Hook.
百合属	***Lilium*** **L.**
布林迪西百合	L. 'Brindisi'
布鲁内罗百合	L. 'Brunello'
耀眼百合	L. 'Cedeazzle'
粉孔雀百合	L. 'Pink Peacock'
红线百合	L. 'Red Line'
卷丹	L. lancifolium Thunb.
山麦冬属	***Liriope*** **Lour.**
阔叶山麦冬	L. platyphylla Wang et Tang

山麦冬	*L. spicata* (Thunb.) Lour.
葡萄风信子属(蓝壶花属)	***Muscari*** **Mill.**
葡萄风信子	*M. botryoides* Mill.
丛生葡萄风信子	*M. comosum* Mill.
沿阶草属	***Ophiopogon*** **Ker-Gawl.**
沿阶草	*O. bodinieri* Lévl.
麦冬	*O. japonicus* (L. f.) Ker-Gawl.
吉祥草属	***Reineckia*** **Kunth**
吉祥草	*R. carnea* (Andr.) Kunth
万年青属	***Rohdea*** **Roth**
万年青★	*R. japonica* (Thunb.) Roth
金边万年青★	*R. j.* var. *marginata* Hort.
花叶万年青★	*R. j.* var. *pictata* Hort.
银边万年青★	*R. j.* var. *variegate* Hort.
郁金香属	***Tulipa*** **L.**
郁金香	*T. gesneriana* L.
阿波罗精华郁金香	*T.* 'Appollo Elite'
斑雅郁金香	*T.* 'Banja Luka'
道琼斯郁金香	*T.* 'Dow Jones'
金牛津郁金香	*T.* 'Golden Oxford'
检阅郁金香	*T.* 'Inspecting'
柔道郁金香	*T.* 'Judo'
克劳斯王子郁金香	*T.* 'Prince Claus'
红色柔道郁金香	*T.* 'Red Judo'
情人郁金香	*T.* 'Sweet Heart'

汤姆王朝郁金香	T. 'Tom Dynasty'
白色柔道郁金香	T. 'White Judo'
石蒜科	**Amaryllidaceae**
百子莲属	Agapanthus L'Hér.
百子莲	A. africanus (L.) Hoffmgg.
孤挺花属	Amaryllis L.
朱顶红★	A. vittata Ait
君子兰属	Clivia Lindl.
君子兰★	C. miniata Regel
文殊兰属	Crinum L.
文殊兰★	C. asiaticum L.
石蒜属	Lycoris Herb.
石蒜	L. radiata (L' Herit) Herb.
水仙属	Narcissus L.
洋水仙（喇叭水仙）	N. pseudonarcissus L.
中国水仙	N. tazetta L. var. chinensis Roem.
晚香玉属	Polianthes L.
晚香玉	P. tuberosa L.
紫娇花属	Tulbaghia
紫娇花	T. violacea Harv.
菖蒲莲属（葱莲属）	Zephyranthes Herb.
白花菖蒲莲（葱莲）	Z. candida (Lindl.) Herb.
红花菖蒲莲（风雨花）	Z. grandiflora Lindl.
龙舌兰科	**Agavaceae**
龙舌兰属	Agave L.
龙舌兰	A. americana L.

金边龙舌兰	*A. a.* var. *marginata* Hort.
朱蕉属	***Cordyline*** **Comm. ex Juss.**
朱蕉(彩叶铁)	*C. fruticosa* (L.) A. Cheval.
龙血树属	***Dracaena*** **Vand. ex L.**
异味龙血树(菲律宾铁树)★	*D. deremensis* Engl.
龙血树(龙须铁)★	*D. draco* L.
香花龙血树(巴西铁)★	*D. fragrans* (L.) Ker-Gawl.
金心香龙血树(金心巴西铁)★	*D. f.* 'Massangeana'
金边香龙血树(金边巴西铁)★	*D. f.* 'Vicotoria'
富贵竹★	*D. sanderiana* Sander. ex M. T. Mast.
金边富贵竹★	*D. s.* 'Virescens'
虎尾兰属	***Sansevieria*** **Thunb.**
虎尾兰(虎皮兰)★	*S. trifasciata* Prain.
金边虎尾兰★	*S. t.* var. *laurentii* N. E. Br.
丝兰属	***Yucca*** **L.**
丝兰★	*Y. smalliana* Fern.
鸢尾科	**Iridaceae**
射干属	***Belamcanda*** **Adans**
射干	*B. chinensis* DC.
番红花属	***Crocus*** **L.**
番红花	*C. sativus* L.
美丽番红花	*C. speciosus* Bieb.
香雪兰属	***Freesia*** **Klatt**
香雪兰(小菖兰)	*F. refracta* Klatt

唐菖蒲属	*Gladiolus* L.
唐菖蒲	*G. gandavensis* Van Houtt
鸢尾属	*Iris* L.
玉蝉花	*I. ensata* Thunb.
花菖蒲	*I. e.* var. *hortensis* Makino et Nemoto
德国鸢尾	*I. germanica* L.
城堡德鸢尾	*I. g.* 'Alcazar'
优雅德鸢尾	*I. g.* 'Champagne Elegance'
炫金德鸢尾	*I. g.* 'Dazzling Gold'
潮汐兰德鸢尾	*I. g.* 'Full Tide'
不朽白德鸢尾	*I .g.* 'Immortality'
珍珠德鸢尾	*I. g.* 'Lenora pearl'
南美草原落日德鸢尾	*I. g.* 'South-American Prairie-sunset'
杏林之夏德鸢尾	*I. g.* 'Spiced Custard'
黄娃娃德鸢尾	*I. g.* 'Sun Doll'
晚安月亮德鸢尾	*I. g.* 'Goodnight Moon'
蝴蝶花（日本鸢尾）	*I. japonica* Thunb.
燕子花	*I. laevigata* Fisch.
黄菖蒲	*I. pseudacorus* L.
西伯利亚鸢尾	*I. sibirica* L.
鸢尾	*I. tectorum* Maxim.
庭菖蒲属	*Sisyrinchium* L.
庭菖蒲	*S. rosulatum* Bickn.

芭蕉科	Musaceae
芭蕉属	*Musa* L.
芭蕉	*M. basjoo* Sieb. et Zucc.
旅人蕉科	Strelitziaceae
鹤望兰属	*Strelitzia* Ait.
鹤望兰★	*S. reginae* Ait.
姜科	Zingiberaceae
姜花属	*Hedychium* Koen.
姜花★	*H. coronarium* Koen.
美人蕉科	Cannaceae
美人蕉属	*Canna* L.
大花美人蕉	*C. generalis* Bailey
花叶美人蕉	*C. glauca* L.
美人蕉	*C. indica* L.
黄花美人蕉	*C. i.* var. *flava* Roxb.
紫叶美人蕉	*C. warscewiezii* A. Dietr.
竹芋科	Marantaceae
肖竹芋属	*Calathea* G. F. Mey.
孔雀竹芋★	*C. makoyana* Nicchols.
青苹果竹芋★	*C. orbifolia* (Linden) H. A. Kenn.
双线竹芋★	*C. sanderiana* (Sander) Gentil
美丽竹芋★	*C. veitchiana* Hook.
竹芋属	*Maranta* L.
竹芋★	*M. arundinacea* L.
花叶竹芋★	*M. bicolor* Ker-Gawl.

白脉竹芋★	*M. leuconeuca* E. Morr.
卧花竹芋属	*Stromanthe* Sond.
紫背竹芋★	*S. sanguinea* Sond.
水竹芋属	*Thalia* L.
再力花(水竹芋)★	*T. dealbata* J. Fraser
兰科	**Orchidaceae**
卡特兰属	*Cattleya* Lindl.
卡特兰★	*C. bowringiana* Hort.
大花卡特兰★	*C. gigas* Linder. et Andre.
兰属	*Cymbidium* Sw.
建兰★	*C. ensifolium* (L.) Sw.
蕙兰★	*C. faberi* Rolfe
春兰★	*C. goeringii* (Rchb. f.) Rchb. f.
墨兰★	*C. sinense* (Andr.) Willd.
杓兰属	*Cypripedium* L.
杓兰★	*C. calceolus* L.
大花杓兰★	*C. macranthum* Sw.
石斛属	*Dendrobium* Sw.
石斛	*D. nobile* Lindl.
文心兰属	*Oncidium* Sw.
文心兰★	*O. papilio* Lindl.
兜兰属	*Paphiopedilum* Pfitz.
美丽兜兰★	*P. insigne* (Wall.) Pfitz.
蝴蝶兰属	*Phalaenopsis* Bl.
蝴蝶兰★	*P. amabilis* Bl.

植物图例

Plant Photos

罗汉松
P. macrophyllus (Thunb.) D. Don

银杏（白果、公孙树）
G. biloba L.

金钱松
P. amabilis (Nelson) Rehd.

红豆杉
T. chinensis (Pilg.) Rehd.

花叶杞柳
S. integra 'Hakuro Nishiki'

麻栎
Q. acutissima Carr.

榔榆
U. parvifolia Jacq.

榉树（大叶榉）
Z. schneideriana Hand.-Mazz.

红叶腺梗小头蓼
P. microcephala 'Red Dragon'

半枝莲（太阳花、松叶牡丹）
P. grandiflora Hook.

马齿苋
P. oleracea L.

鸡冠花
C. cristata L.

须苞石竹
D. barbatus L.

植物图例

Plant Photos

石竹
D. chinensis L.

毛叶剪秋罗（毛缕）
L. coronaria (L.) Desr.

皱叶剪秋罗
L. chalcedonica L.

洋剪秋罗
L. viscaria L.

肥皂草（石碱花）
S. officinalis L.

植物图例 Plant Photos

加拿大耧斗菜
A. canadensis L.

耧斗菜
A. viridiflora Pall.

铁线莲
C. florida Thunb.

087

翠雀
D. grandiflorum L.

芍药
P. lactiflora Pall.

牡丹（木芍药）
P. suffruticosa Andr.

白头翁
P. chinensis (Bunge) Regel

紫玉兰（辛夷）
M. liliflora Desr.

含笑
M. figo (Lour.) Spreng.

鹅掌楸（马褂木）
L. chinense Sarg.

蜡梅
C. praecox (L.) Link

植物图例 Plant Photos

虞美人
P. rhoeas L.

荷包牡丹
D. spectabilis (L.) Lem

山胡椒
L. glauca (Sieb.et Zucc.) Bl.

奥林匹卡南庭荠
A. olympica Boiss.

重瓣白屈菜
C. m. 'Flore Pleno'

诸葛菜（二月兰）
O. violaceus (L.) O. E. Schulz

091

长药八宝
H. spectabile (Boreau) H. Ohba

费菜（土三七）
S. aizoon L.

高加索景天
S. caucasicum (Cross.) Boriss.

佛甲草
S. lineare Thunb.

八仙花（绣球）
H. macrophylla (Thunb.) Seringe

植物图例

Plant Photos

木瓜海棠（毛叶木瓜）
C. cathayensis (Hemsl.) Schneid.

蚊子草
F. palmata (Pall.) Maxim.

杂交路边青
G. x *sudeticum*

贴梗海棠（皱皮木瓜）
C. speciosa (Sweet) Nakai

西府海棠
M. micromalus Makino

093

黄花委陵菜
P. aurea L.

杏
P. armeniaca L.

御衣黄
P. l. 'Gioiko'

关山
P. l. 'Sekiyama'

松月
P. l. 'Superba'

植物图例

Plant Photos

梅
P. mume Sieb. et Zucc.

红碧桃
P. p. 'Rubro-plena'

白碧桃
P. p. f. *albo-plena* Schneid.

紫叶桃
P. p. f. *atropurpurea* Schneid.

山樱花
P. serrulata var. *spontanea* (Maxim.) Wils.

撒金碧桃（跳枝桃）
P. p. 'Versicolor'

火棘
P. fortuneana (Maxim.) Li

染井吉野
P. s. 'Yedoensis'

沙梨
P. pyrifolia (Burm.f.) Nakai

榆叶梅
P. triloba Lindl.

粉花绣线菊
S. japonica L. f.

紫荆
C. chinensis Bge.

香花槐
S. j. 'Idaho'

绣球小冠花（多变小冠花）
C. varia L.

紫藤
W. sinensis (Sims) Sweet

羽扇豆
L. micranthus Guss.

三角紫叶酢浆草
O. triangularis A. St.

植物图例

Plant Photos

草原老鹳草
G. pratense L.

山麻杆
A. davidii Franch.

天竺葵★
P. hortorum Bailey

木油桐（千年桐）
V. montana Lour.

芸香
R. graveolens L.

黄栌
C. coggygria Scop.

植物图例

Plant Photos

红栌
C. c. Scop. var. *cinerea* Engl. et Wils.

苦丁茶（大叶冬青）
I. latifolia Thunb.

蔓卫矛（扶芳藤）
E. fortunei (Turcz.) Hand.-Mazz.

羽毛枫（细裂叶鸡爪槭）
A. p. 'Dissectum'

无患子
S. mukorossi Gaertn.

099

蜀葵
A. rosea (L.) Cavan.

木槿
H. syriacus L.

金丝桃
H. chinense L.

角堇
V. cornuta L.

紫花地丁
V. philippica Cav. ssp. *munda* W. Beck.

紫薇
L. indica L.

结香
E. chrysantha Lindl.

千屈菜
L. salicaria L.

植物图例

Plant Photos

石榴
P. granatum L.

珙桐（鸽子树）
D. involucrata Baill.

红千层（串钱柳）
C. rigidus R. Br.

美丽月见草
O. speciosa Nutt.

金叶过路黄
L. nummularia L. 'Aurea'

山桃草（千鸟花）
G. lindheimeri Engelm. et Gray

大果月见草
O. macrocarpa Nutt.

秤锤树
S. xylocarpa Hu

陀螺果（鸭头梨）
M. xylocarpum Hand.-Mazz.

连翘
F. suspensa (Thunb.) Vahl

紫丁香
S. oblata Lindl.

桂花（丹桂、银桂、金桂）
O. fragrans (Thunb.) Lour.

黄金络石（黄金锦络石）
T. a. 'Ougonnishiki'

醉鱼草
B. lindleyana Fort.

蔓长春花
V. major L.

长春花
C. roseus (L.) G. Don

花叶蔓长春
V. m. 'Variegata'

植物图例 Plant Photos

宿根福禄考
P. paniculata L.

牛舌草
A. italica Retz.

紫珠（白棠子树）
C. dichotoma (Lour.) K. Koch

针叶（丛生）福禄考
P. subulata L.

龙吐珠（麒麟吐珠）★
C. thomsonae Balf. f.

马缨丹（五色梅）
L. camara L.

美女樱
V. hybrida Voss.

柳叶马鞭草
V. bonariensis L.

筋骨草
A. ciliata Bunge

药水苏
B. officinalis L.

活血丹（连钱草）
G. longituba (Nakai) Kupr

美国薄荷
M. didyma L.

花叶活血丹
G. hederocea L. 'Variegata'

短柄荆芥
N. subsessilis Maxim.

牛至
O. vulgare L.

一串蓝（蓝花鼠尾草）
S. farinacea Benth.

夏枯草
P. vulgaris L.

假龙头花
P. virginiana Benth.

深蓝鼠尾草
S. officinalis

南欧丹参
S. sclarea L.

一串红
S. splendens Ker.-Gawl.

大花水苏
S. grandiflora (Stev. ex Willd.) Benth.

绵毛水苏
S. lanata Jacq.

西尔加香科
T. hircanicum L.

矮牵牛
P. hybrida Vilm.

花烟草
N. alata Link et Otto

香彩雀
A. salicariifolia Humb

金鱼草
A. majus L.

指状钓钟柳（毛地黄叶钓钟柳）
P. digitalis Nutt. et Sims

毛地黄
D. purpurea L.

红岩钓钟柳
P. x mexicali 'Red Rocks'

夏堇（蓝猪耳）
T. fournieri Lindl. ex Fourn.

密花毛蕊花
V. densiflorum L.

轮叶婆婆纳
V. sibiricum (L.) Pennell

穗花婆婆纳
V. spicata L.

美国凌霄
C. radicans (L.) Seem.

莨力花
A. mollis L.

翠芦莉
R. brittoniana Leonard

紫叶车前
P. m. 'Purpurea'

长叶车前
P. lanceolata L.

花叶车前
P. m. 'Variegtat'

大花六道木
A. x *grandiflora* Rehd.

花叶接骨木
S. nigra L. 'Variegata'

黑叶接骨木
S. n. 'Guincho Purple'

琼花（聚八仙）
V. m. f. *keteleeri* (Carr.) Nichols.

植物图例 Plant Photos

海仙花（朝鲜锦带花）
W. coraeensis Thunb.

半边莲
L. chinensis Lour.

千叶蓍（欧蓍草）
A. millefolium L.

荷兰菊
A. novi-belgii L.

金盏菊
C. officinalis L.

银叶菊
C. cineraria L.

波斯菊
C. bipinnatus Cav.

松果菊（紫松果菊）
E. purpurea Moench.

蓝刺头
E. sphaerocephalus L.

泽兰
E. japonicum Thunb.

宿根天人菊
G. aristata Pursh

勋章菊
G. rigens R. Br.

堆心菊
H. autumnale L.

向日葵
H. annuus L.

麦秆菊（蜡菊）
H. bracteatum Andr.

葵叶赛菊芋
H. helianthoides Sweet

短舌匹菊（小白菊）
P. parthenium (L.) Sm.

大滨菊
L. maximum (Ramood) DC.

黑心金光菊
R. hirta L.

黑心菊
R. hybrida Hort.

秋金光菊
R. 'Herbstsonne'

孔雀草
T. patula L.

瓜叶菊
S. cruentus (Mass.) DC.

斑鸠菊
V. esculenta Hemsl.

百日草
Z. elegans Jacq.

小盼草
C. latifolium (Michx.) Yates

单叶葱（扁叶葱）
A. unifolium Kellogg

金叶金钱蒲
A. g. 'Ogan'

紫露草
T. virginiana L.

文竹★
A. plumosus Baker

大花萱草
H. hybrida Hort.

大花萱草

H. hybrida Hort.

玉簪属
Hosta Tratt.

百子莲
A. africanus (L.) Hoffmgg.

百合属
Lilium L.

石蒜
Lycoris spp.

紫娇花
T. violacea Harv.

射干
B. chinensis DC.

花菖蒲
I. e. var. *hortensis* Makino et Nemoto

德国鸢尾
I. germanica L.

蝴蝶花（日本鸢尾）
I. japonica Thunb.

黄菖蒲
I. pseudacorus L.

美人蕉
C. indica L.

美丽兜兰★
P. insigne (Wall.) Pfitz.

植物图例

Plant Photos

主要参考文献
References

程金水，刘青林．2010．园林植物遗传育种学．2版．北京：中国林业出版社
董保华．1996．汉拉英花卉及观赏树木名称．北京：中国农业出版社
侯宽昭，吴德邻，高蕴璋等．1982．中国种子植物科属词典．北京：科学出版社
焦瑜，王晖，张寿洲．2014．蕨类植物图谱——孢子体和原叶体．北京：中国林业出版社
克里斯托弗·布里克尔．2005．英国皇家园艺学会最新版世界园林植物与花卉百科全书．杨秋生，李振宇主译．
    郑州：河南科学技术出版社
李沛琼，李楠，张寿洲等．2004．深圳园林植物续集（一）．北京：中国林业出版社
李沛琼，王勇进，谢海标等．1998．深圳园林植物．北京：中国林业出版社
李沛琼，张寿洲．2003．耐荫半耐荫植物．北京：中国林业出版社
刘玉壶．2004．中国木兰．北京：北京科学技术出版社
龙雅宜．2004．园林植物栽培手册．北京：中国建筑工业出版社
马其云，顾国明，杨明等．1997．中国植物志拉丁名索引（1959～1992）．北京：科学出版社
孙可群，张应麟，龙雅宜等．1985．花卉及观赏树木栽培手册．北京：中国林业出版社
薛聪贤．1999．景观植物实用图鉴（第1辑）．昆明：云南科学技术出版社
薛聪贤．1999．景观植物实用图鉴（第2辑）．广州：广东科技出版社
薛聪贤．2002．景观植物实用图鉴（第3辑）．郑州：河南科学技术出版社
薛聪贤．2004．景观植物实用图鉴（第7辑）．合肥：安徽科学技术出版社
薛聪贤．2004．景观植物实用图鉴（第14辑）．北京：北京科学技术出版社
郑万钧．1983～2004．中国树木志（1～4卷）．北京：中国林业出版社
中国科学院中国植物志编辑委员会．1959～2004．中国植物志．北京：科学出版社
中国科学院植物研究所．1996．新编拉汉英植物名称．北京：航空工业出版社
中国科学院植物研究所．1972～1983．中国高等植物图鉴（1～5册，补编1、2册）．北京：科学出版社
庄雪影．2014．园林树木学（华南本）．3版．广州：华南理工大学出版社
De Hertogh A. 1996. Holland Bulb Forcer's Guide. Hillegom:The International Flower Bulb
    Centre
Ernie W, Tony R. 2004. 世界园林乔灌木．陈俊愉译审，包志毅主译．北京：中国林业出版社
Frederick G M, Peter M M, Donald H V. 1994. A Catalog of Cultivated Woody Plants of the
    Sourtheastern United States. U. S. Department of Agriculture, Agricultural Research
    Service, U. S. National Arboretum Contribution No. 7
Galen G, Chris G, Ethan J. 1994. Shrubs and Vines. New York:Pantheon Books, Knopf Publishing
    Group
Roger P, Martyn R. 1991. The Random House Book of Perennials(Vol. 1 Early Perennials). New
    York: Random House

中文种名索引

Index in Chinese

A

阿波罗精华郁金香	074
阿帕切萱草	071
矮聚合草	048
矮芒	065
矮牵牛	052, 112
矮文竹	071
爱你的吻大花绣球	021
安德荷兰菊	058
安德森紫露草	070
安祖花	068
奥地利婆婆纳	053
奥林匹卡南庭荠	017, 091
奥尼尔笃斯越橘	043
澳洲鹅掌柴	042

B

八宝	019
八宝掌	019
八角金盘	042
八棱海棠	023
八仙花	021, 092
巴黎矾根	021
芭蕉	078
白斑亮丝草	068
白苞安祖花	068
白碧桃	025, 095
白车轴草	029
白鹤芋	069
白花菖蒲莲	075
白花杜鹃	043
白花夹竹桃	046
白花穗花婆婆纳	054
白花仙客来	044
白花紫荆	027
白晶菊	059
白蜡树	045
白脉竹芋	079
白美人狼尾草	065
白妙山樱	024
白屈菜	017
白色柔道郁金香	075
白色诱惑萱草	072
白神牡丹	015
白睡莲	009
白头翁	015, 090
白网纹草	055
白雪塔牡丹	011
白叶子花	007
百合白萱草	072
百里香	051
百脉根	028
百日草	063, 122
百园红牡丹	014
百园红霞牡丹	012
百子莲	075, 126
斑鸠菊	063, 121
斑雅郁金香	074
斑叶芒	065
斑叶秋海棠	037
斑叶叶子花	007
半边莲	058, 117
半枝莲	008, 085
薄荷	049
报春花	044
暴马丁香	046
爆竹花	053
北美枫香	022
贝克莱薹草	066
蓓蕾之夜美国薄荷	050
闭月羞花牡丹	011

碧桃	025	长春花	046, 106	
碧玉南山茶	036	长生花	020	
边境街道玉簪	072	长药八宝	019, 092	
扁叶刺芹	042	长野马克西姆萱草	072	
变叶木	031	长叶变叶木	031	
宾哥三色堇	036	长叶车前	055, 115	
滨菊	061	长柱草	056	
缤纷节日玉簪	072	常春藤	042	
冰岛罂粟	017	常夏石竹	008	
冰山芍药	010	巢蕨	002	
波斯肥皂草	009	朝天椒	051	
波斯菊	060, 118	朝衣牡丹	014	
波叶大黄	006	潮汐兰德鸢尾	077	
波叶玉簪	073	柽柳	036	
玻利维亚海棠	037	城堡德鸢尾	077	
不朽白德鸢尾	077	橙黄山柳菊	061	
不夜城芦荟	070	橙色果酱彩叶草	049	
布朗忍冬	056	秤锤树	044, 104	
布林迪西百合	073	池杉	003	
布鲁内罗百合	073	齿瓣八仙花	021	
		齿叶睡莲	009	
		重瓣白木香	026	

C

		重瓣白屈菜	017, 091	
彩凤朝阳芍药	011	重瓣棣棠	023	
彩绘牡丹	011	重瓣木芙蓉	034	
彩叶草	049	重瓣木槿	034	
彩叶欧洲山芥	017	重瓣跳枝梅	024	
藏娇牡丹	011	重瓣萱草	071	
曹州红牡丹	012	重阳木	031	
草莓漩涡矾根	020	臭椿	030	
草原老鹳草	029, 098	除虫菊	062	
草原龙胆	046	雏菊	059	
侧柏	003	垂柳	004	
茶梅	036	垂盆草	019	
茶条槭	032	垂丝海棠	023	
菖蒲	068	垂枝山樱	024	
		垂枝樱	025	

春鹃	043	大花奶油卷萱草	071
春兰	079	大花水苏	051, 111
春柳牡丹	014	大花天竺葵	029
春色玉簪	073	大花渭河萱草	071
春羽	069	大花夏枯草	050
椿寒樱	025	大花香水月季	026
茨藻	063	大花萱草	071, 123, 124
慈姑	063	大花亚麻	030
刺槐	028	大花月季型	026
刺叶露子花	008	大花栀子	055
丛生葡萄风信子	074	大丽花	060
粗齿绣球	021	大芦荟	070
酢浆草	029	大王黛粉叶	068
翠菊	059	大吴风草	060
翠芦莉	055, 115	大岩桐	054
翠雀	010, 088	大叶黄牡丹	013
		大叶铁线莲	010
		大叶醉鱼草	046

D

		大圆锥八仙花	021
大滨菊	061, 120	大棕紫牡丹	014
大布尼狼尾草	065	丹桂	045
大车前	055	单药花	054
大果榉	005	单叶葱	070, 122
大果月见草	041, 104	淡竹	066
大海芋	068	岛锦牡丹	014
大红夺锦牡丹	012	倒挂金钟	041
大红球山茶	035	道琼斯郁金香	074
大胡红牡丹	012	德尔塔黎明1号玉簪	072
大花杓兰	079	德尔塔黎明2号玉簪	072
大花凤眼莲	070	德国水苏	051
大花江梅	025	德国鸢尾	077, 128
大花金鸡菊	059	德克萨斯睡莲	009
大花卡特兰	079	德克萨斯针茅	066
大花六道木	056, 116	地榆	026
大花耧斗菜	010	地主玉簪	073
大花美人蕉	078	帝王之光玉簪	073

中文种名索引

Index in Chinese

帝沃利大花绣球	021
蒂亚娜大花绣球	021
棣棠	023
吊兰	071
吊钟花	043
吊竹梅	070
钓钟柳	053
叠云牡丹	014
东方毛蕊花	053
东方罂粟	017
东美人海棠	023
东云石莲花	018
冬美人	019
冬青	032
冬青卫矛	032
豆瓣绿	004
豆绿牡丹	014
笃斯越橘	043
杜鹃	043
杜英	034
短柄荆芥	050, 109
短毛球	038
短舌匹菊	062, 120
堆心菊	061, 119
多花木蓝	028
多叶羽扇豆	028

E

鹅掌柴	042
鹅掌楸	015, 090
鄂报春	044
萼距花	039
恩氏老鹳草	029
二乔南山茶	036
二乔玉兰	016

二色补血草	044
二色茉莉	051

F

法国梧桐	022
番红花	076
矾根	020
非洲菊	061
非洲茉莉	046
非洲紫罗兰	054
菲白竹	066
绯花玉	038
绯牡丹	038
肥皂草	009, 086
翡翠头饰玉簪	072
费菜	019, 092
费道花	055
粉丹山茶	035
粉二乔牡丹	012
粉红色回报萱草	071
粉花凌霄	054
粉花蓍草	058
粉花蜀葵	034
粉花绣线菊	027, 096
粉孔雀百合	073
粉蓝盘牡丹	013
粉色回忆大花绣球	021
粉色眼睛萱草	072
粉团蔷薇	026
粉中冠牡丹	011
丰花月季型	026
风铃草	057
风箱果	024
风信子	073
枫香	022

137

枫杨	005
凤丹白牡丹	011
凤尾鸡冠花	007
凤尾蕨	002
凤尾竹	064
凤仙花	033
凤眼莲	070
凤羽落金池芍药	011
佛肚竹	064
佛甲草	019, 092
弗兰亨瑞萱草	072
福禄考	047
福寿生石花	008
复色蜀葵	034
复叶槭	033
富贵竹	076

G

甘茶矾根	020
甘菊	060
甘肃薹草	067
刚竹	066
港龙芍药	011
高干红芍药	011
高加索景天	019, 092
高羊茅	064
革命者三色堇	037
荚力花	054, 115
宫粉梅	025
宫粉山茶	035
宫样状牡丹	013
珙桐	040, 103
沟叶结缕草	066
狗牙根	064
构树	006

姑娘大花绣球	021
古典绒彩叶草	049
古紫石莲花	018
瓜栗	035
瓜叶菊	062, 121
瓜子黄杨	031
关山	024, 094
观赏葫芦	057
观赏南瓜	057
冠群芳牡丹	014
冠世墨玉牡丹	012
光棍树	031
光叶钓钟柳	053
光叶海桐	021
光叶牛至	050
广东万年青	068
广玉兰	016
龟背竹	069
龟甲冬青	032
贵妃插翅牡丹	012
桂花	045
桂花	105
桂圆菊	062
桧柏	004
果香菊	059
果子蔓	069
过路黄	044

H

海黄牡丹	014
海石竹	044
海桐	021
海王球	038
海仙花	057, 117
亥伯龙神萱草	072

中文种名索引

Index in Chinese

含笑	016, 090	红花木莲	016
含羞草	027	红花萱草	058
含羞叶大花绣球	021	红花蜀葵	034
旱金莲	030	红花油茶	035
旱柳	005	红花重瓣石榴	040
旱伞草	067	红蓼	006
杭州早樱	024	红栌	032, 099
合果芋	069	红脉花叶芋	068
合欢	027	红帽子月季	026
何氏凤仙花	033	红梅	025
荷包牡丹	017, 091	红其林牡丹	012
荷花	009	红千层	040, 103
荷花粉翠牡丹	012	红瑞木	043
荷兰菊	058, 118	红色柔道郁金香	074
鹤望兰	078	红王子锦带	057
黑法师	018	红薇	040
黑海波涛芍药	011	红线百合	073
黑花魁牡丹	012	红岩钓钟柳	053, 113
黑箭头萱草	072	红叶鸡爪槭	033
黑麦草	065	红叶石楠	023
黑松	003	红叶甜菜	006
黑王子	018	红叶苋	007
黑心金光菊	062, 120	红叶腺梗小头蓼	006, 084
黑心菊	062, 121	红叶子花	007
黑眼苏珊	055	红重牡丹	014
黑叶接骨木	056, 116	红猪耳	053
红斑花叶芋	068	厚朴	016
红碧桃	025, 095	厚叶刺芹	042
红车轴草	029	厚叶岩白菜	020
红大丽花	060	胡红牡丹	013
红豆杉	004, 083	胡氏剪秋罗	009
红芙蓉山茶	035	胡思克红钓钟柳	053
红花菖蒲莲	075	胡颓子	039
红花钓钟柳	052	蝴蝶花	077, 129
红花檵木	022	蝴蝶兰	079
红花马蹄莲	069	虎刺梅	031

虎耳草	021	画眉草	064
虎耳秋海棠	037	槐树	028
虎尾草	064	欢乐时刻萱草	072
虎尾兰	076	皇标玉簪	072
虎杖	006	皇家规范玉簪	073
葫芦	057	黄菖蒲	077, 129
花柏	003	黄翠羽牡丹	013
花菖蒲	077, 127	黄花美人蕉	078
花二乔牡丹	012	黄花蜀葵	034
花蝴蝶牡丹	012	黄花委陵菜	024, 094
花葵	035	黄花重瓣石榴	040
花力角堇	036	黄金间碧竹	064
花菱草	017	黄金络石	046, 106
花毛茛	015	黄连木	032
花毯矾根	020	黄栌	032, 098
花王牡丹	013	黄绿万年青	068
花烟草	052, 112	黄脉苋	007
花叶车前	055, 116	黄秋葵	034
花叶鹅掌柴	042	黄睡莲	009
花叶凤梨	069	黄娃娃德鸢尾	077
花叶活血丹	049, 109	黄杨	031
花叶接骨木	056, 116	黄玉兰	015
花叶芦竹	064	灰白薹草	067
花叶络石	047	蕙兰	079
花叶蔓长春	047, 106	活血丹	049, 109
花叶芒	065	火棘	026, 096
花叶美人蕉	078	火炬花	073
花叶杞柳	004, 083	藿香蓟	058
花叶万年青	068, 074		
花叶香桃木	041	**J**	
花叶橡皮树	006		
花叶芋	068	鸡冠花	007, 085
花叶竹芋	078	鸡爪槭	033
花雨金鱼草	052	吉拉·森林之茵矾根	020
花月夜	019	吉拉·闪秋矾根	020
花烛	068	吉拉·夕之绿矾根	020

吉祥草	074	金桂	046
吉野川牡丹	015	金合欢	027
戟叶马鞭草	048	金红久忍冬	056
悸动琳达彩叶草	049	金琥	038
蓟	059	金鸡菊	059
檵木	022	金莲花	015
加拿大耧斗菜	010, 087	金缕梅	022
加拿大巡逻队萱草	072	金牛津郁金香	074
家庭主妇萱草	072	金钱松	003, 082
夹竹桃	046	金秋矾根	020
假连翘	048	金森女贞	045
假龙头花	050, 110	金山绣线菊	027
尖叫问候萱草	071	金山棕	067
检阅郁金香	074	金丝薹草	067
建兰	079	金丝桃	036, 101
剑叶金鸡菊	059	金娃娃萱草	071
姜花	078	金镶玉竹	066
茭白	066	金心吊兰	071
角堇	036, 101	金心香龙血树	076
杰氏须芒草	064	金焰绣线菊	027
结香	039, 102	金叶过路黄	044, 104
金苞花	055	金叶金钱蒲	068, 122
金边常春藤	042	金叶亮绿忍冬	056
金边吊兰	071	金叶女贞	045
金边冬青卫矛	032	金叶水杉	003
金边富贵竹	076	金叶榆	005
金边虎尾兰	076	金银花	056
金边六月雪	056	金鱼草	052, 113
金边龙舌兰	076	金玉交章牡丹	013
金边瑞香	039	金盏菊	059, 118
金边万年青	074	金枝槐	028
金边香龙血树	076	金钟花	045
金标玉簪	072	金竹	066
金阁牡丹	015	金钻蔓绿绒	069
金光大道萱草	072	筋骨草	049, 108
金光菊	062	锦带花	057

中文种名索引

Index in Chinese

锦晃星	019	孔雀草	062, 121
锦鸡儿	028	孔雀竹芋	078
锦葵	035	苦丁茶	032, 099
锦袍红牡丹	014	苦楝	030
锦翁玉	038	苦槠	005
锦绣杜鹃	043	库拉索芦荟	071
锦绣金鱼草	052	宽叶吊兰	071
锦绣球牡丹	014	宽叶薰衣草	049
锦绣玉	038	葵叶赛菊芋	061, 120
近卫柱	039	昆山夜光牡丹	011
惊叫萱草	072	困境萱草	072
精灵大花绣球	021	阔叶山麦冬	073
景玉牡丹	011	阔叶十大功劳	015
桔梗	058		
菊花	060	# L	
菊花桃	025		
菊樱	024	蜡瓣花	022
橘	030	蜡梅	016, 090
枸骨	032	莱格西笃斯越橘	043
枸杞	051	莱姆里基矾根	020
枸橼	030	癞瓜	057
榉树	005, 084	兰迪彩叶草	049
巨人柱	037	兰屿肉桂	016
巨紫荆	027	蓝宝石牡丹	013
卷丹	073	蓝边八仙花	021
卷绢	019	蓝刺头	060, 119
卷叶红牡丹	013	蓝芙蓉牡丹	013
决明子	027	蓝美人1号笃斯越橘	043
君子兰	075	蓝美人笃斯越橘	043
		蓝目菊	058
# K		蓝羊茅	064
		狼尾草	065
卡玛三色堇	037	榔榆	005, 083
卡特兰	079	老鹳草	029
科罗拉多睡莲	009	乐昌含笑	016
克劳斯王子郁金香	074	雷蒙宿根天人菊	060

蕾都爱兹彩叶草	049	露草	008
李园红牡丹	013	露酒彩色三叶草	029
丽格秋海棠	037	栾树	033
丽色画眉草	064	卵穗薹草	067
连翘	045, 105	卵叶钓钟柳	053
莲花掌	018	轮叶婆婆纳	053, 114
林地鼠尾草	050	罗汉松	004, 082
凌花堪露牡丹	013	罗汉竹	066
凌霄	054	罗斯特柳枝稷	065
菱	041	洛阳红牡丹	013
令箭荷花	038	络石	047
留兰香	049	落新妇	020
硫华菊	060	落羽杉	003
柳穿鱼	052	绿宝	054
柳兰	041	绿帝王喜林芋	069
柳叶菜	041	绿萝	068
柳叶马鞭草	048, 108	绿香球牡丹	014
柳枝稷	065		
六道木	056	**M**	
六角白山茶	036		
六月雪	056	麻栎	005, 083
龙柏	004	马齿苋	008, 085
龙船花	056	马齿苋树	008
龙胆婆婆纳	053	马利筋	047
龙舌兰	075	马蹄金	047
龙吐珠	048, 107	马蹄莲	069
龙须柳	005	马缨丹	048
龙血树	076	马樱丹	108
龙爪槐	028	玛玛蕾都矾根	020
耧斗菜	010, 087	玛瑙石榴	040
芦苇	066	麦冬	074
芦竹	064	麦秆菊	061, 120
鲁荷红牡丹	013	蔓长春花	047, 106
鲁氏石莲花	019	蔓卫矛	032, 099
鲁屯尼斯蓝刺头	060	芒	065
路边青	023	毛地黄	052, 113

毛花柱	039	密花江梅	025
毛泡桐	052	密花毛蕊花	053, 114
毛蕊花	053	绵毛水苏	051, 111
毛叶钓钟柳	053	明星牡丹	013
毛叶剪秋罗	009, 086	魔幻珊瑚大花绣球	021
毛叶秋海棠	037	魔幻水晶大花绣球	021
毛竹	066	茉莉花	045
玫瑰	026	莫瑞狼尾草	065
玫瑰山茶	035	墨兰	079
玫瑰叶子花	007	墨润绝伦牡丹	012
莓果矾根	020	墨西哥蓝鸟	018
梅	024, 095	牡丹	011, 089
梅尔迪奥玉簪	073	木芙蓉	034
梅山绿萼梅	025	木瓜海棠	022, 093
梅子布丁矾根	020	木荷	036
美国海棠	023	木槿	034, 101
美国薄荷	050, 109	木莲	016
美国凌霄	054, 114	木香	026
美国梧桐	022	木油桐	031, 098
美国紫菀	058		
美丽兜兰	079, 129		

N

美丽番红花	076		
美丽金光菊	062	南美草原落日德鸢尾	077
美丽月见草	041, 104	南欧丹参	051, 111
美丽竹芋	078	南山茶	036
美女樱	048, 108	南天竹	015
美人蕉	078, 129	南洋参	042
美人梅	024	尼泊尔委陵菜	024
美叶光萼荷	069	霓虹幻彩牡丹	013
美叶芋	068	你我的永恒大花绣球	021
迷迭香	050	茑萝	047
猕猴桃	035	宁波溲疏	020
米兰	030	柠檬玛德琳萱草	072
米兰矾根	020	柠檬千里光	062
米莲向日葵	061	牛舌草	048, 107
秘鲁天轮柱	037	牛至	050, 110

糯米条	056	麒麟阁	031
女贞	045	麒麟角	031
		起绒草	057
O		千屈菜	040, 102
欧报春	044	千日白	007
欧布西迪昂矾根	020	千日粉	007
欧防风	042	千日红	007
		千叶兰	006
P		千叶蓍	058, 117
爬地柏	004	牵牛	047
爬山虎	034	强烈的爱萱草	072
帕氏钓钟柳	053	乔丹大花萱草	072
泡桐	052	巧克力彩色三叶草	029
炮仗花	054	堇薇	040
蓬蒿菊	058	堇紫美国薄荷	050
碰碰香	050	青冈栎	005
皮氏石莲	019	青龙卧墨池牡丹	012
枇杷	023	青龙镇宝牡丹	014
苹果	023	青苹果竹芋	078
萍蓬草	009	清香木	032
葡匐长柱草	056	情人郁金香	074
匍根风铃草	058	琼花	057, 116
葡萄	034	秋海棠	037
葡萄风信子	074	秋金光菊	062, 121
蒲包花	052	秋水仙	071
蒲公英	063	秋早樱	024
朴树	005	球根海棠	037
普克斯托你萱草	072	球茎蒴草	065
普贤象	024	全缘金光菊	062
		雀梅藤	033
Q		雀舌黄杨	031
七叶树	033		
七姊妹蔷薇	026	**R**	
栖弗浪芭矾根	021	染井吉野	026, 096
		人面桃花梅	025

中文种名索引

Index in Chinese

145

日本狼尾草	065		山茶	035
日本柳杉	003		山定子	023
日本晚樱	024		山合欢	027
日本五针松	003		山河红芍药	011
日本早樱	025		山胡椒	016, 091
日轮生石花	008		山里红	022
柔道郁金香	074		山麻杆	031, 098
肉芙蓉牡丹	012		山麦冬	074
肉桂	016		山芍药	010
如花似玉牡丹	014		山桃	024
如梦铁线莲	010		山桃草	041, 104
乳黄蜀葵	034		山杏	025
乳茄	052		山樱花	025, 095
锐利蓝刺头	060		山樱桃	026
瑞弗安矾根	021		山玉兰	015
瑞香	039		珊瑚树	057
			珊瑚台牡丹	013

S

			芍药	010, 088
			杓兰	079
洒金山茶	036		蛇鞭菊	061
洒金叶珊瑚	043		蛇目菊	062
撒金碧桃	025, 096		射干	076, 127
塞布丽娜大花绣球	021		深粉蜀葵	034
三变赛玉牡丹	014		深蓝鼠尾草	050, 110
三角枫	032		深山含笑	016
三角紫叶酢浆草	029, 097		圣诞东云石莲花	018
三裂叶金光菊	062		狮子王球	038
三轮玉蝶梅	025		湿地松	003
三色堇	036		十八号牡丹	013
三色菊	059		十大功劳	015
三叶路边青	023		十样锦山茶	035
散尾葵	067		石菖蒲	068
桑	006		石斛	079
扫帚草	006		石莲花	018
沙棘	039		石榴	040, 103
沙梨	026, 096		石楠	023

石蒜	075, 126
石竹	008, 086
矢车菊	059
柿树	044
首案红牡丹	014
蜀葵	034, 100
鼠尾草	050
鼠尾掌	037
双荚决明	027
双线竹芋	078
水葱	067
水杉	003
水塔花	069
水杨梅	055
水竹	066
睡莲	009
丝兰	076
四季桂	046
四季秋海棠	037
松果菊	060, 118
松红梅	041
松露玉	037
松萝铁兰	069
松塔景天	019
松月	024, 094
苏丹凤仙花	033
苏珊夫人铁线莲	010
苏铁	002
宿根福禄考	047, 107
宿根天人菊	060, 119
宿根亚麻	030
素心蜡梅	016
素馨花	045
穗花婆婆纳	053, 114
梭鱼草	070

T

塔贝大花绣球	021
薹草披斗士	066
昙花	038
汤姆王朝郁金香	075
唐菖蒲	077
糖与奶油玉簪	072
绦柳	005
桃	025
桃红飞翠牡丹	012
桃叶风铃草	057
桃叶珊瑚	043
特玉莲	019
藤本月季型	026
天狼星石莲花	018
天门冬	071
天人菊	060
天山红星芍药	010
天依牡丹	015
天竺葵	029, 098
甜肺草夫人	048
贴梗海棠	022, 093
铁骨红梅	025
铁兰	069
铁线蕨	002
铁线莲	010, 087
庭菖蒲	077
庭荠属	017
彤辉牡丹	014
彤云牡丹	013
茼蒿	059
土黄萱草	072
陀螺果	045, 105

中文种名索引

Index in Chinese

147

W

晚安月亮德鸢尾	077
晚绿萼梅	025
晚香玉	075
万年青	074
万寿菊	062
文殊兰	075
文心兰	079
文竹	071, 122
蚊母树	022
蚊子草	023, 093
沃尔特纳彩叶草	049
乌金跃辉牡丹	012
乌桕	031
乌龙捧盛牡丹	014
乌头	010
无刺枸骨	032
无花果	006
无患子	033, 099
梧桐	035
五色草	007
五色椒	051
五色菊	059
五星花	056
五叶地锦	033
舞扇梅	025
勿忘草	048

X

夕映	018
西伯利亚鸢尾	077
西尔加香科	051, 111
西府海棠	023, 093
西瓜皮椒草	004
西蒙斯序曲萱草	072
西洋鹃	043
喜树	040
细腺珍珠菜	044
细叶百日草	063
细叶结缕草	066
细叶芒	065
细叶美女樱	048
细叶薹草	067
虾钳花	008
虾衣花	054
虾子花	040
狭叶栀子	055
夏堇	053, 114
夏鹃	043
夏枯草	050, 110
夏威夷椰子	067
仙客来	044
仙人球	038
仙人掌	038
仙人指	039
相府莲石莲花	018
香彩雀	052, 112
香椿	030
香花槐	028, 097
香花龙血树	076
香蒲	063
香水月季	026
香雪兰	076
香雪球	018
香玉牡丹	011
香樟	016
想象力三色堇	037
向日葵	061, 119
小百日草	063
小鬼宿根天人菊	060
小花钓钟柳	053

中文种名索引

Index in Chinese

小花月季型	026
小蜡树	045
小盼草	064, 122
小香蒲	063
小叶白网纹草	055
小叶女贞	045
孝顺竹	064
蟹爪兰	039
新几内亚凤仙花	033
馨口腊梅	016
兴安野青茅	064
杏	024, 094
杏林之夏德鸢尾	077
熊掌木	041
袖珍椰子	067
绣球花	056
绣球小冠花	028, 097
绣线梅	023
须苞石竹	008, 085
旭港牡丹	014
萱草	071
炫金德鸢尾	077
炫目大花天人菊	061
雪松	003
勋章菊	061, 119
薰衣草	049
绚丽多彩芍药	011

Y

鸭跖草	070
雅乐之舞	008
雅榕	006
亚布麻彩色三叶草	029
亚洲络石	046
胭脂点玉芍药	010
胭脂红景天	019
烟龙紫牡丹	012
芫花	039
岩景天	019
沿阶草	074
艳紫向阳芍药	011
雁来红	007
燕子海棠	019
燕子花	077
燕子掌	018
阳光三色彩叶草	049
阳光樱	024
阳桃	029
杨梅	005
洋常春藤	042
洋剪秋罗	009, 086
洋水仙	075
妖怪大花天人菊	061
姚黄牡丹	013
药水苏	049, 109
药用水苏	051
耀眼百合	073
野蔷薇	026
野青茅	064
叶子花	007
夜来香	047
夜玫矶根	020
一串红	051, 111
一串蓝	050, 110
一年生黑麦草	065
一品红	031
一枝黄花	062
伊丽莎白索尔特萱草	072
异味独活	042
异味龙血树	076
异叶南洋杉	002

异株蝇子草	009	羽叶南洋参	042
意杨 'I214'	004	羽衣甘蓝	017
银边八仙花	021	雨久花	070
银边常春藤	042	玉蝉花	077
银边吊兰	071	玉带草	065
银边冬青卫矛	032	玉兰	015
银边万年青	074	玉面桃花牡丹	012
银桂	045	玉翁	038
银河山樱	024	玉簪	072
银毛球	038	玉簪属	125
银石蚕	051	郁金香	074
银薇	040	郁李	024
银杏	002, 082	御谷	065
银芽柳	004	御衣黄	024, 094
银叶菊	059, 118	鸢尾	077
银叶菊	062	圆叶南洋参	042
印度橡皮树	006	圆锥绣球	021
英国梧桐	022	远东芨芨草	063
樱花	025	月宫烛光牡丹	011
樱桃	025	月光奏鸣曲玉簪	073
樱桃浆果玉簪	072	月季	026
迎春	045	月见草	041
迎日红牡丹	013	云南沙参	057
蝇子草	009	芸香	030, 098
优美达拉萱草	072		
优雅大玉簪	073	**Z**	
优雅德鸢尾	077		
尤尼维塔玉簪	073	杂交耧斗菜	010
油茶	036	杂交路边青	023, 093
油炸香蕉玉簪	072	再力花	079
诱惑睡莲	009	枣树	033
鱼尾葵	067	爪哇黄芩	051
榆叶梅	026, 096	皂荚	028
虞美人	017, 091	藏报春	044
羽毛枫	033, 099	泽兰	060, 119
羽扇豆	028, 097	泽泻	063

中文种名索引

Index in Chinese

赵粉牡丹	012
赵园粉牡丹	012
照波	008
针茅	066
针叶福禄考	047, 107
珍珠德鸢尾	077
珍珠梅	027
珍珠绣线菊	027
芝加哥阿帕契萱草	072
栀子花	055
蜘蛛抱蛋	071
指状钓钟柳	053, 113
中国水仙	075
中华芦荟	070
中山杉 302	003
种生紫牡丹	014
重金柳枝稷	065
皱叶薄荷	049
皱叶彩叶草	049
皱叶剪秋罗	009, 086
朱顶红	075
朱蕉	076
朱槿	034
朱砂垒牡丹	013
朱砂银矾根	020
珠宝南山茶	036
珠光墨润牡丹	012
诸葛菜	018, 091
猪笼草	018
竹柏	004
竹节秋海棠	037
竹芋	078
状元红牡丹	013
子持莲华	019
紫斑风铃草	058
紫背竹芋	079
紫车轴草	029
紫丁香	046, 105
紫二乔牡丹	014
紫花地丁	036, 102
紫花耧斗菜	010
紫花苜蓿	028
紫娇花	075, 126
紫荆	027, 097
紫露草	070, 122
紫罗兰	018
紫茉莉	007
紫檀	028
紫藤	029, 097
紫菀	058
紫薇	040, 102
紫薇玫瑰	040
紫心菊	061
紫叶碧桃	025
紫叶车前	055, 115
紫叶黄栌	032
紫叶狼尾草	065
紫叶李	024
紫叶美人蕉	078
紫叶桃	025, 095
紫叶小檗	015
紫叶紫荆	027
紫玉兰	016, 090
紫玉簪	072
紫珠	048, 107
紫竹	066
紫竹梅	070
棕榈	067
棕竹	067
总统铁线莲	010
祖恩兹玉簪	073
醉蝶花	017
醉鱼草	046, 106
538 玉簪	073
575 玉簪	073

151

拉丁文属名索引

Index in Latin

A

Abelia R. Br.	056
Abelmoschus Medicus.	034
Acacia Mill.	027
Acanthus L.	054
Acer L.	032
Achillea L.	058
Achnatherum Beauv.	063
Aconitum L.	010
Acorus L.	068
Actinidia Lindl.	035
Adenophora Fisch.	057
Adiantum L.	002
Adina Salisb.	055
Aeonium Webb et Berth.	018
Aesculus L.	033
Agapanthus L'Hér.	075
Agave L.	075
Ageratum L.	058
Aglaia Lour.	030
Aglaonema Schott	068
Ailanthus Desf.	030
Ajuga L.	049
Albizia Durazz.	027
Alchornea Sw.	031
Alisma L.	063
Allium L.	070
Alocasia (Schott) G. Don	068
Aloe L.	070
Alternanthera Forsk.	007
Althaea L.	034
Amaranthus L.	007
Amaryllis L.	075
Ananas Mill.	069
Anchusa L.	048
Andropogon L.	063
Angelonia Humb. et Bonpl.	052
Anthurium Schott	068
Antirrhinum L.	052
Aphelandra R. Br.	054
Aporocactus Lem.	037
Aptenia N. E. Br.	008
Aquilegia L.	010
Araucaria Juss.	002
Arctotis L.	058
Argyranthemum Webb. ex Sch.-Bip.	058
Armeria	044

Arundo L.	064
Asclepias L.	047
Asparagus L.	071
Aspidistra Ker-Gawl.	071
Aster L.	058
Astilbe Buch.-Ham.	020
Aubrieta L.	017
Aucuba Thunb.	043
Aurinia Desv.	017
Averrhoa L.	029

B

Bambusa Schreb.	064
Barbarea R. Br.	017
Begonia L.	037
Belamcanda Adans	076
Bellis L.	058
Berberis L.	015
Bergenia Moench.	020
Bergeranthus	008
Beta L.	006
Betonica L.	049
Billbergia Thunb.	069
Bischofia Bl.	031
Blossfeldia Werd.	037
Bougainvillea Comm. ex Juss.	007
Brachycome Cass.	059
Brassica L.	017
Broussonetia Vent.	006
Brunfelsia L.	051
Buddleja L.	046
Buxus L.	031

C

Caladium Vent.	068
Calathea G. F. Mey.	078
Calceolaria L.	052
Calendula L.	059
Callicarpa L.	048
Callispidia Bremek.	054
Callistemon R. Br.	040
Callistephus Cass.	059
Camellia L.	035
Campanula L.	057
Campsis Lour.	054
Camptotheca Decne.	040

Canna L.	078
Capsicum L.	051
Caragana Fabr.	028
Carex L.	066
Carnegiea Britt. et Rose	037
Caryota L.	067
Cassia L.	027
Castanopsis Spach	005
Catharanthus G. Don	046
Cattleya Lindl.	079
Cedrus Trew	003
Celosia L.	007
Celtis L.	005
Centaurea L.	059
Cercis L.	027
Cereus Mill.	037
Chaenomeles Lindl.	022
Chamaecyparis Spach	003
Chamaedorea Willd.	067
Chamaemelum Mill.	059
Chamaenerion Seguier	041
Chasmanthium Yates	064
Cheiridopsis N. E. Br.	008
Chelidonium L.	017
Chimonanthus Lindl.	016
Chloris Swartz	064
Chlorophytum Ker-Gawl.	071
Chrysalidocarpus H. Wendl.	067
Chrysanthemum L.	059
Cinnamomum Trew.	016
Cirsium Mill.	059
Citrus L.	030
Clematis L.	010
Cleome (L.) DC.	017
Clerodendrum L.	048
Clivia Lindl.	075
Codiaeum A. Juss.	031
Colchicum L.	071
Coleus Lour.	049
Commelina L.	070
Cordyline Comm. ex Juss.	076
Coreopsis L.	059
Cornus L.	043
Coronilla L.	028
Corylopsis Sieb. et Zucc.	022
Cosmos Cav.	059
Cotinus (Tourn.) Mill.	032
Crassula L.	018

Crataegus L.	022
Crinum L.	075
Crocus L.	076
Cryptomeria D. Don	003
Cucurbita L.	057
Cuphea P. Br.	039
Cycas L.	002
Cyclamen L.	044
Cyclobalanopsis Oerst.	005
Cymbidium Sw.	079
Cynodon Richard	064
Cyperus L.	067
Cypripedium L.	079

D

Dahlia Cav.	060
Daphne L.	039
Davidia Baill.	040
Delosperma N. E. Br.	008
Delphinium L.	010
Dendranthema (DC.) Des Moul.	060
Dendrobium Sw.	079
Deutzia Thunb.	020
Deyeuxia Clarion	064
Dianthus L.	008
Dicentra Bernh.	017
Dichondra J. R. et G. Forst.	047
Dieffenbachia Schott	068
Digitalis L.	052
Diospyros L.	044
Dipsacus L.	057
Distylium Sieb. et Zucc.	022
Dracaena Vand. ex L.	076
Duranta L.	048

E

Echeveria DC.	018
Echinacea Moench.	060
Echinocactus Link et Otto	038
Echinops L.	060
Echinopsis Zucc.	038
Edgeworthia Meissn.	039
Eichhornia Kunth	070
Elaeagnus L.	039
Elaeocarpus L.	034
Enkianthus Lour.	043

Epilobium L.	041	*Hedera* L.	042
Epiphyllum Haw.	038	*Hedychium* Koen.	078
Epipremnum Schott	068	*Helenium* L.	061
Eragrostis Beauv.	064	*Helianthus* L.	061
Eriobotrya Lindl.	023	*Heliopsis* Pers.	061
Eryngium L.	042	*Helipterum* L.	061
Eschscholzia Cham.	017	*Hemerocallis* L.	071
Euonymus L.	032	*Heracleum* L.	042
Eupatorium L.	060	*Heuchera* L.	020
Euphorbia L.	031	*Hibiscus* L.	034
Eustoma Shinn.	046	*Hieracium* L.	061
		Hippophae L.	039
		Hosta Tratt.	072

F

		Hyacinthus L.	073
Fagraea Thunb.	046	*Hydrangea* L.	021
Farfugium Lindl.	060	*Hylotelephium* H. Ohba	019
Fatshedera Guillaum.	041	*Hypericum* L.	036
Fatsia Decne. et Planch.	042		
Festuca L.	064		

I

Ficus L.	006		
Filipendula Mill.	023	*Ilex* L.	032
Firmiana Marsili	035	*Impatiens* L.	033
Fittonia Coem.	055	*Indigofera* L.	028
Forsythia Vahl	045	*Iresine* P. Br.	007
Fraxinus L.	045	*Iris* L.	077
Freesia Klatt	076	*Ixora* L.	056
Fuchsia L.	041		

J

G

Jasminum L. 045

Gaillardia Foug.	060		
Gardenia Ellis	055		

K

Gaura L.	041		
Gazania L.	061	*Kalanchoe* Adans.	019
Geranium L.	029	*Kerria* DC.	023
Gerbera L. ex Cass.	061	*Kniphofia* Moench.	073
Geum L.	023	*Kochia* Roth	006
Ginkgo L.	002	*Koelreuteria* Laxm.	033
Gladiolus L.	077		
Glechoma L.	049		

L

Gleditsia L.	028		
Gomphrena L.	007	*Lagenaria* Ser.	057
Guzmania Ruiz et Pav.	069	*Lagerstroemia* L.	040
Gymnocalycium Pfeiff.	038	*Lantana* L.	048
		Lavandula L.	049

H

		Lavatera L.	035
		Leptospermum Forst.	041
Hamamelis L.	022		

Leucanthemum Mill.	061
Liatris Willd.	061
Ligustrum L.	045
Lilium L.	073
Limonium Mill.	044
Linaria Mill.	052
Lindera Thunb.	016
Linum L.	030
Liquidambar L.	022
Liriodendron L.	015
Liriope Lour.	073
Lithops N. E. Br.	008
Lobelia L.	058
Lobularia Desv.	018
Lolium Lam.	065
Lonicera L.	056
Loropetalum R. Br.	022
Lotus L.	028
Lupinus L.	028
Lychnis L.	009
Lycium L.	051
Lycoris Herb.	075
Lysimachia L.	044
Lythrum L.	040

M

Magnolia L.	015
Mahonia Nutt.	015
Malus Mill.	023
Malva L.	035
Mammillaria Haw.	038
Manglietia Bl.	016
Maranta L.	078
Marrubium L.	051
Matthiola R. Br.	018
Medicago L.	028
Melia L.	030
Melliodendron Hand.-Mazz.	045
Mentha L.	049
Metasequoia Miki ex Hu et Cheng	003
Michelia L.	016
Mimosa L.	027
Mimulus L.	007
Mirabilis L.	007
Miscanthus Anderss.	065
Momordica L.	057
Monarda L.	050
Monochoria C. Presl	070

Monstera Schott	069
Morus L.	006
Muehlenbeckia Meisn.	006
Musa L.	078
Muscari Mill.	074
Myosotis L.	048
Myrica L.	005
Myrtus L.	041

N

Najas L.	063
Nandina Thunb.	015
Narcissus L.	075
Neillia D. Don	023
Nelumbo Adans.	009
Neottopteris J. Sm.	002
Nepenthes L.	018
Nepeta L.	050
Nerium L.	046
Nicotiana L.	052
Nopalxochia Britt. et Rose	038
Notocactus (K. Schum.) A. Berger	038
Nuphar Smith	009
Nymphaea L.	009

O

Oenothera L.	041
Oncidium Sw.	079
Ophiopogon Ker-Gawl.	074
Opuntia Mill.	038
Origanum L.	050
Orostachys Fisch.	019
Orychophragmus Bunge	018
Osmanthus Lour.	045
Oxalis L.	029

P

Pachira Aubl.	035
Pachyphytum Link	019
Pachystachys Nees	055
Paeonia L.	010
Pandorea Spach	054
Panicum L.	065
Papaver L.	017

Paphiopedilum Pfitz.	079
Parodia Speg.	038
Parthenocissus Planch.	033
Pastinaca L.	042
Paulownia Sieb. et Zucc.	052
Pelargonium L'Herit. ex Ait.	029
Pennisetum Rich.	065
Penstemon Schmidel.	052
Pentas Benth.	056
Peperomia Ruiz et Pav.	004
Petunia Juss.	052
Phalaenopsis Bl.	079
Phalaris L.	065
Pharbitis Choisy	047
Philodendron Schott	069
Phlox L.	047
Photinia Lindl.	023
Phragmites Trin.	066
Phuopsis Hook.	056
Phyllostachys Sieb.	066
Physocarpus (Cambess) Maxim.	024
Physostegia Benth.	050
Pinus L.	003
Pistacia L.	032
Pittosporum Banks et Gaertn.	021
Plantago L.	055
Platanus L.	022
Platycladus Spach	003
Platycodon A. DC.	058
Plectranthus L' Herit.	050
Podocarpus L' Hér. ex Persoon.	004
Polianthes L.	075
Polygonum L.	006
Polyscias J. R. et G. Forst.	042
Pontederia L.	070
Populus L.	004
Portulaca L.	008
Portulacaria Jacq.	008
Potentilla L.	024
Primula L.	044
Pritchardia Seem. et H. Wendl.	067
Prunella L.	050
Prunus L.	024
Pseudolarix Gord.	003
Pteris L.	002
Pterocarpus Jacq.	028
Pterocarya Kunth	005
Pulmonaria L.	048
Pulsatilla Adans.	015
Punica L.	040
Pyracantha Roem.	026
Pyrethrum Zinn	061
Pyrostegia Presl.	054
Pyrus L.	026

Q

Quamoclit Moench	047
Quercus L.	005

R

Radermachera Zoll. et Mor.	054
Ranunculus L.	015
Reineckia Kunth	074
Rhapis L. f.	067
Rheum L.	006
Rhododendron L.	043
Robinia L.	028
Rohdea Roth	074
Rosa L.	026
Rosmarinus L.	050
Rudbeckia L.	062
Ruellia L.	055
Russelia Jacq.	053
Ruta L.	030

S

Sabina Mill.	004
Sageretia Brongn.	033
Sagittaria L.	063
Saintpaulia H. Wendl.	054
Salix L.	004
Salvia L.	050
Sambucus L.	056
Sanguisorba L.	026
Sansevieria Thunb.	076
Sanvitalia Gualt.	062
Sapindus L.	033
Sapium P. Br.	031
Saponaria L.	009
Sasa Makino et Shibata	066
Saxifraga L.	021
Schefflera J. R. et G. Forst.	042

Schima Reinw.	036
Schlumbergera Lem.	039
Scirpus L.	067
Scutellaria L.	051
Sedum L.	019
Sempervivum L.	019
Senecio L.	062
Serissa Comm.	056
Setcreasea K. Schum. et Sydow	070
Silene L.	009
Sinningia Nees	054
Sinojackia Hu	044
Sisyrinchium L.	077
Solanum L.	052
Solidago L.	062
Sophora L.	028
Sorbaria A. Br. ex Aschers.	027
Spathiphyllum Schott	069
Spilanthes Jacq.	062
Spiraea L.	027
Stachys L.	051
Stetsonia Britton et Rose	039
Stipa L.	066
Strelitzia Ait.	078
Stromanthe Sond.	079
Symphytum L.	048
Syngonium Schott	069
Syringa L.	046

T

Tagetes L.	062
Tamarix L.	036
Taraxacum F. H. Wigg	063
Taxodium Rich.	003
Taxus L.	004
Telosma Cov.	047
Teucrium L.	051
Thalia L.	079
Thunbergia Retz.	055
Thymus L.	051
Tillandsia L.	069
Toona Roem.	030
Torenia L.	053
Trachelospermum Lem.	046
Trachycarpus H. Wendl.	067
Tradescantia L.	070
Trapa L.	041

Trichocereus (A. Berger.) Riccob.	039
Trifolium L.	029
Trollius L.	015
Tropaeolum L.	030
Tulbaghia	075
Tulipa L.	074
Typha L.	063

U

Ulmus L.	005

V

Vaccinium L.	043
Verbascum L.	053
Verbena L.	048
Vernicia Lour.	031
Vernonia Schreb.	063
Veronica L.	053
Viburnum L.	056
Vinca L.	047
Viola L.	036
Vitis L.	034

W

Weigela Thunb.	057
Wisteria Nutt.	029
Woodfordia Salisb.	040

Y

Yucca L.	076

Z

Zantedeschia Spreng.	069
Zebrina Schnizl.	070
Zelkova Spach	005
Zephyranthes Herb.	075
Zinnia L.	063
Zizania Gronov. ex L.	066
Ziziphus Mill.	033
Zoysia Willd.	066
Zygocactus K. Schum.	039

Postscript

Jiangnan University campus covers an area of 210.05 hectare, and its green land occupies 85.32 hectare, about 40% of the total. The campus constructors and landscaping workers were greatly encouraged and spurred by the former book *Green Sentiments* (Published by Science Press), for our teachers and students were so eager to identify the plants indicated in that book. Other higher institutions have also showed great interests on it. So we decided to compile a new botanic checklist which might cover all our campus plant species.

With either ornamental or medicinal value, the campus plants were originated from native preservation, planned cultivation, earnest donation and offside transplantation. Following the system of *Flora of China*, the checklist was arranged based on the nomenclatural family lines. Now, we finish the compile work of *Plant Checklist of Jiangnan University*, which records 133 family, 497 genus, and 1228 species (including subspecies and specie variants), the items symbolized in "★", represent the species growing in green house.

Time flies, the specie numbers will be variable, it's necessary to trace and record the present numbers in time, not only for preserving the botanic data, facilitating landscaping works, but also for providing campus people a meaningful reference. Meanwhile, this checklist verifies how the university administrators and rear service people put all their energy to protect the multiplicity of campus green life. They try best to build up so called "the first class university campus, the up most green environment".

Sincere gratitude must be sent to Professor Cui Tiecheng, the deputy chair of Botany Garden Division under Chinese Botany Association. In view of nomenclatural complexity, we invited Prof. Cui to examine this compiling. Without his academic guidance, the checklist would not be so accurate.

Our thank also goes to senior scientist Yuan Yalin in Xi'an Botany Garden, who has kindly sent more than 260 floral germ lines to us for free.

Indeed, this checklist has soaked plenty sensations from all the warmhearted people. We also greatly appreciate our landscaping workers, for their long term devotion and the enterprises, alumni, teachers and students who donated for greening cause.

Li Yunxia Wang Wu
July, 2016

后　记

江南大学蠡湖校区占地面积为 3151 亩 (210.05 hm^2)，校园绿化面积为 1280 亩 (85.32 hm^2)，绿化面积超过 40%。继《绿色情怀》由科学出版社付梓，校园绿色文化引起广大师生的浓厚兴趣，他们按图索骥，在校园里认真识别、仔细观赏各种植物品系；兄弟院校也视该书为珍贵的绿色文化范本，这对我们这些建设者和文化人而言，是莫大的鞭策和鼓舞。

《江南大学植物名录》系统登载江南大学新校区建校以来的植物资源种类，包括属地保留、规划栽培、接受捐赠、外地引种的观赏性、药用性树木花草，共计 133 科、497 属、1228 种（含亚种和变种）。名录以"科"为主线，按《中国植物志》体系编排；科以下列属、属以下列种，以拉丁学名字母顺序排列；亚种和变种列于"种"后。凡中文名称后注有"★"符号的植物为温室栽培种类。

随着时间的推移，校园植物或增或减，定有变数，然适时整理、编撰植物名录很有必要，其意义在于，不仅留下珍贵的绿化史料，也便于校园绿化工作者对现有植物的精心管理、科学养护，并促进扩大绿化面积，积极引种新品。本名录更为大学师生和绿化人员提供了一本认知校园植物的科学读物，同时也见证了 21 世纪之初，大学管理者和后勤工作者重视校园生物多样性保护和建设，积极营创"一流大学校园、一流绿化环境"所做出的不懈努力。

鉴于植物拉丁学名的复杂性，本名录经中国植物学会植物园分会原副理事长崔铁成研究员认真校核，保证了植物命名的翔实性和严谨性。特此致以诚挚的谢意！

借此也真挚感谢西安植物园原雅玲研究员，赠予 260 多种国内外宿根花卉品种。

感谢学校各级领导的悉心指导与绿化工作者的真情投入，感谢部分园林企业、各届校友与师生的热心捐助。本书浸透了大家共同为江南大学绿色文化所付出的心血。

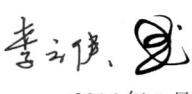

2016 年 7 月